云计算技术应用专业校企合作系列教材

云存储技术与应用

（第2版）

主　编　朱晓彦　顾旭峰
副主编　郑美容

中国教育出版传媒集团
高等教育出版社·北京

内容提要

本书为云计算技术应用专业校企“双元”合作开发的教材。本书依据高等职业教育专科云计算技术应用专业教学标准，全面、系统地讲解了云存储的基本概念、使用方法、主流分布式存储系统的搭建和与云平台存储整合的方法：从最基本的对磁盘的分区、格式化到组建RAID（磁盘阵列）、LVM（逻辑卷管理）；从NFS、CIFS、iSCSI共享到Cinder块存储、Swift对象存储、Manila网络存储；从容器和容器云技术到容器存储、容器云存储类技术；从搭建Ceph分布式存储系统到使用Ceph和OpenStack进行整合，替换OpenStack的Glance和Nova后端存储；使用Ceph和Kubernetes进行整合，使用Ceph作为Kubernetes应用负载的云存储后端。

本书配有微课视频、授课用PPT、课程标准、案例源代码、习题库等丰富的数字化学习资源。与本书配套的数字课程在“智慧职教”平台（www.icve.com.cn）上线，读者可登录平台在线学习，授课教师可调用本课程构建符合自身教学特色的SPOC课程，详见“智慧职教”服务指南。教师也可发邮件至编辑邮箱1548103297@qq.com获取相关资源。

本书为高等职业院校云计算技术应用专业和计算机网络技术等专业的云存储技术类课程教材，同时对接云计算工程技术人员国家职业技术技能标准的相关知识模块，可作为其认证支撑教材，还可作为云计算技术应用和移动应用开发技术的培训教材和自学参考书。

图书在版编目（CIP）数据

云存储技术与应用／朱晓彦，顾旭峰主编．--2版．--北京：高等教育出版社，2024.2
ISBN 978-7-04-060188-6

Ⅰ.①云… Ⅱ.①朱… ②顾… Ⅲ.①计算机网络-信息存贮 Ⅳ.①TP393.071

中国国家版本馆CIP数据核字(2023)第037970号

Yuncunchu Jishu yu Yingyong

策划编辑 吴鸣飞　责任编辑 吴鸣飞　封面设计 姜　磊　版式设计 童　丹
责任绘图 李沛蓉　责任校对 陈　杨　责任印制 刁　毅

出版发行 高等教育出版社
社　　址 北京市西城区德外大街4号
邮政编码 100120
印　　刷 三河市华润印刷有限公司
开　　本 787 mm×1092 mm 1/16
印　　张 14.5
字　　数 320千字
购书热线 010-58581118
咨询电话 400-810-0598
网　　址 http://www.hep.edu.cn
　　　　 http://www.hep.com.cn
网上订购 http://www.hepmall.com.cn
　　　　 http://www.hepmall.com
　　　　 http://www.hepmall.cn
版　　次 2018年3月第1版
　　　　 2024年2月第2版
印　　次 2024年2月第1次印刷
定　　价 39.50元

物 料 号 60188-00

“智慧职教”服务指南

“智慧职教”（www. icve. com. cn）是由高等教育出版社建设和运营的职业教育数字教学资源共建共享平台和在线课程教学服务平台，与教材配套课程相关的部分包括资源库平台、职教云平台和 App 等。用户通过平台注册，登录即可使用该平台。

- 资源库平台：为学习者提供本教材配套课程及资源的浏览服务。

登录“智慧职教”平台，在首页搜索框中搜索“云存储技术与应用”，找到对应作者主持的课程，加入课程参加学习，即可浏览课程资源。

- 职教云平台：帮助任课教师对本教材配套课程进行引用、修改，再发布为个性化课程（SPOC）。

1. 登录职教云平台，在首页单击“新增课程”按钮，根据提示设置要构建的个性化课程的基本信息。

2. 进入课程编辑页面设置教学班级后，在“教学管理”的“教学设计”中“导入”教材配套课程，可根据教学需要进行修改，再发布为个性化课程。

- App：帮助任课教师和学生基于新构建的个性化课程开展线上线下混合式、智能化教与学。

1. 在应用市场搜索“智慧职教 icve”App，下载安装。

2. 登录 App，任课教师指导学生加入个性化课程，并利用 App 提供的各类功能，开展课前、课中、课后的教学互动，构建智慧课堂。

“智慧职教”使用帮助及常见问题解答请访问 help. icve. com. cn。

前　言

一、缘起

在科技飞速发展的今天，人们每天接触的信息数量在成倍地增长，而随着信息量的增加，人们无法在短时间内存储这么多信息，因此相应的存储技术应运而生。随着存储技术和云计算技术的发展，从单一的硬盘存储到多块硬盘组成的磁盘阵列（RAID），从传统的磁盘分区到磁盘的逻辑卷管理（LVM），从块和文件存储模式到对象存储模式，从本地存储到网络存储（NFS、CIFS、iSCSI）和分布式存储（Ceph），从网络存储到云存储及服务，存储技术已经发生了日新月异的变化。

本书为云计算技术应用专业校企“双元”合作开发的教材，自本书第1版出版后，云存储技术所支撑的云计算架构需求和应用需求不断变化，不仅体现在原有的云存储容量需求方面，更体现在云存储成本、云存储性能、云存储管理、云存储访问、云存储安全等多方面都对云存储提出了更多、更高的需求。伴随着基础磁盘管理、存储虚拟化等技术多年的底层积累以及宽带网络的发展，集群技术、网格技术和分布式文件系统的拓展，CDN内容分发、P2P、数据压缩技术的广泛运用，云存储在技术上已经趋于成熟。目前云存储技术应用主要体现在以私有云统一存储支撑和公有云存储产品供给两个重要方向上：一方面，无服务计算技术、容器云技术、私有云技术应用本身对统一多平台、多架构的云存储服务提出了更高的要求；另一方面，公有云平台已经将这些需求整合为多种易于访问的云存储架构产品，无缝对接各个公有云计算服务平台内部和外部的云存储需求。

本书第1版于2018年3月出版后，基于广大院校师生的教学应用反馈并结合目前最新的课程教学改革成果，不断优化、更新教材内容，同时，为推进党的二十大精神进教材、进课堂、进头脑，本次改版将“坚持教育优先发展、科技自立自强、人才引领驱动”作为指导思想，首先在每个单元开始处设置素养目标，重点培养或提升如规范操作、精益求精的工匠精神、安全意识和创新思维等核心职业能力，通过加强行为规范与思想意识的引领作用，落实“培养德才兼备的高素质人才”要求；其次，本书在第1版的基础上，依据高等职业教育专科云计算技术应用专业教学标准，同时针对云存储技术应用变化和知识需求，主要调整及优化工作包括：由于GlusterFS分布式存储架构对接云存储需求特征逐渐减少，因此对该部分内容进行了替换，重点介绍可对接容器云、私有云等多种云存储需求的主流Ceph分布式通用集中存储架构，并在案例设计中将核心重点放在云存储系统应用、Ceph分布式存储系统应用和超融合基础计算架构应用这3个重点单元上；同时增加了OpenStack文件存储、容器存储卷技术、容器云存储类技术等新技术内容，更新了Ceph存储的新版架构，完善了Ceph云存储在OpenStack私有云和Kubernetes容器云上的超融合计算架构案例应用，以使读者更好地了解云存储技术目前最新的技术需求和发展趋势；针对本书第1版中所讲解的Openfiler软件平台已经无法提供官方技术支持的问题，本书第2版将原单元3中的Openfiler软件更新为目前较为流行的FreeNAS（TrueNAS）

社区存储软件平台，该平台提供了更多的现代网络统一存储的特征，更能满足读者对网络统一存储的理解、测试和使用需求。通过本次改版，将新技术、新工艺、新规范、典型生产案例及时纳入教学内容，进一步推动现代信息技术与教育教学深度融合，将教材建设和教书育人结合起来，着力于培养新一代云存储基础设施建设所需的复合型高技能人才，为建设社会主义现代化强国助力。

学习云存储技术是一个系统的过程，本书仍然从学习和研究存储软件技术的角度展开，采用任务案例式描述，解决实际的企业任务背景需求，具体学习过程为：首先从本地存储技术的学习开始，使读者掌握底层的存储文件系统的管理和使用方法；再到网络集中式统一存储，使读者了解网络存储的原理以及应用范围；然后通过构建私有云存储服务、分布式云存储服务使读者跟进存储行业目前的最新架构和应用需求；最后通过分布式存储服务与私有云、容器云应用的对接完成行业典型的综合项目案例。

二、结构

本书采用模块化的编写思路，将基本存储技术、分布式存储技术、云存储技术应用3大模块划分为Linux基本存储技术、网络存储系统应用、云存储系统应用、Ceph分布式存储系统应用、超融合基础计算架构应用5个教学单元，其中包含15个教学任务。

每个单元通过学习情境引出单元的教学核心内容，明确教学任务。每个任务的编写分为任务描述、知识学习、任务实施、项目实训4个环节。

- 任务描述：简述任务目标，展示任务实施效果，以提高读者的学习兴趣。
- 知识学习：详细讲解知识点，通过系列实例实践，边学边做。
- 任务实施：通过任务综合应用所学知识，提高读者系统运用知识的能力。
- 项目实训：在项目实施的基础上通过“学、仿、做”达到理论与实践的统一、知识内化的教学目的。

最后进行单元小结，总结本单元的教学重点、难点。

本书在设计思路上，突出“岗课赛证”融合，以课程改革为核心，以典型工作任务为载体，以行业认证、技能竞赛的能力和素养要求为目标整合教学内容。其中，“岗”定位为云计算工程技术人员的职业岗位核心技能，是技能教学的标准和从业方向；“课”选定为云计算技术应用专业核心课程，是教学改革的核心和基础；“赛”对标为全国职业院校技能大赛云计算技术应用赛项，是课程教学的高端示范和标杆；“证”对接为云计算平台运维与开发1+X职业技能等级证书，是行业企业对课程学习的评价和认可。通过这种“四位一体”的高素质技术技能人才培养模式，可以实现岗位、课程、大赛和证书的相互衔接和有机融合。

三、使用

1. 教学内容课时安排

本书建议授课64学时，教学单元与课时安排见下表。

序号	单元名称	学时安排
1	Linux 基本存储技术	16
2	网络存储系统应用	8
3	云存储系统应用	8
4	Ceph 分布式存储系统应用	16
5	超融合基础计算架构应用	16
总计		64

2. 课程资源

本书配有微课视频、授课用 PPT、课程标准、案例源代码、习题库等丰富的数字化学习资源。与本书配套的数字课程在“智慧职教”平台（www. icve. com. cn）上线，读者可登录平台在线学习，授课教师可调用本课程构建符合自身教学特色的 SPOC 课程，详见“智慧职教”服务指南。教师也可发邮件至编辑邮箱 1548103297@ qq. com 获取相关资源。

四、致谢

本书由朱晓彦、顾旭峰担任主编，郑美容担任副主编，全国职业院校技能大赛云计算赛项合作企业江苏一道云科技发展有限公司为本书提供了案例及技术支持，并参考了国内外同行编写的相关著作和文献，在此一并致以衷心的感谢。

由于编者水平有限，书中难免存在疏漏和不足之处，恳请广大读者批评、指正。

编　者

2024 年 1 月

目　录

单元 1

Linux基本存储技术

学习目标

【知识目标】

- 了解 CentOS 操作系统的快速安装方法。
- 了解 Linux 存储的分区、格式化、挂载等操作。
- 了解 RAID 的组建和使用环境。
- 了解 LVM 卷的组建和使用。

【技能目标】

- 掌握 CentOS 操作系统的快速安装的具体操作步骤。
- 掌握硬盘的分区、格式化、使用的具体操作步骤。
- 掌握 RAID 各个等级的组建、使用的具体操作步骤。
- 掌握 LVM 卷的组建、使用的具体操作步骤。

【素养目标】

- 培养云存储应用领域的系统观和发展观，增进责任担当、科技强国认同，增强爱国热情和科学情怀。
- 培养数据信息存储和检索能力、信息表达能力，具备良好的云存储安全意识和云存储系统开发能力，为我国数字化、信息化建设夯实基础。
- 养成严谨细致的工作态度和工作作风。

学习情境

某公司研发部随着部门的人员规模不断地扩大，逐渐发现公司的各部门之间存在消息传递不及时、消息滞后、各种研发资料和部署手册版本不统一的问题，给公司的正常运转造成了不利的影响。公司研发部了解到可以通过统一存储将每个人的资料进行统一管理，每种资料进行版本划分，于是安排工程师小缪对统一存储进行研究。在准备这个项目时，小缪首先对内置本地存储系统的构建进行了调研和安装测试，并按照以下要求进行了环境规划和准备。

（1）项目设计

文件服务器一台，配置为双千兆网卡，一块系统盘，4块1 TB硬盘，双核CPU。

（2）实现存储业务基本规划

1）RAID规划。

将两个分区设置为RAID 0，将两个分区设置为RAID 1，将3个分区设置为RAID 5。

2）分区与格式化的基本操作。

- RAID基础运维。
- LVM逻辑卷基础运维。

3）服务器功能实现。

- 对硬盘进行分区，组建RAID，挂载使用。
- 对硬盘进行分区，组建LVM卷，挂载使用。

任务 1.1　学习系统分区和文件系统

任务描述

1. 掌握使用 VMware Workstation 安装 CentOS 7 虚拟机的方法。
2. 了解分区的概念，并会使用分区工具进行分区。
3. 了解 Linux 文件系统，并会使用文件系统进行格式化。

知识学习

系统分区和文件系统

微课　系统分区和文件系统

1. Parted 分区

（1）分区的定义

分区是将一个硬盘驱动器划分成若干逻辑驱动器，把硬盘连续的区块当作一个独立的磁盘使用。分区表是一个硬盘分区的索引，分区的信息都会写进分区表。

（2）分区的作用

1）防止数据丢失。如果系统只有一个分区，当这个分区损坏时，用户将会丢失所有的数据。

2）增加磁盘空间的使用效率。可以用不同的区块大小来格式化分区，如果有很多大小为 1 KB 的文件，而硬盘分区的区块大小为 4 KB，那么每存储一个文件将会浪费 3 KB 空间。因此需要取这些文件大小的平均值进行区块大小的划分。

3）当数据激增到极限时，不会引起系统挂起。将用户数据和系统数据分开，可以避免用户数据填满整个硬盘所引起的系统挂起。

2. 文件系统

Linux 文件系统中的文件是数据的集合，文件系统不仅包含着文件中的数据，而且还包含文件系统的结构，所有 Linux 用户和程序所看到的文件、目录、软连接及文件保护信息等都存储在其中。以下介绍几种主流的文件系统。

（1）Ext 3

1）Ext 3（Third Extended Filesystem）是第 3 代扩展文件系统，文件系统存储单位是“块”，类似于 NTFS 的“簇”。格式化硬盘或分区时将所有磁盘空间分成若干个大小相同的“块”，而“块”的大小可以在格式化时指定，也可以采用默认的设置。

2）块是 Ext 3 文件系统中的数据存储单元，每个块都有唯一的编号，从 0 开始。0 号块起始于文件系统起始扇区。

3）Ext 3 文件系统将若干块组成“块组”，每个块组大小相同。但由于块的总数不一定是块组的整倍数，所以在多数情况下，最后一个块组相对于其他块组要小。

4）每个块组都对应一个块组描述符，这些块组描述符统一放在文件系统的前面，方便对块组进行管理。

5）Ext 3 文件系统使用“*i* 节点”来记录文件的时间、大小、块指针等信息；使用目录项描述文件名和节点号，通过节点号即可访问其节点信息。

（2）Ext 4

Ext 4（Fourth Extended Filesystem）是第4代扩展文件系统，是 Linux 系统下的日志文件系统，也是 Ext3 文件系统的后继版本。

（3）XFS

XFS 文件系统是高级日志文件系统，具有很强的伸缩性，非常健壮。目前可用的最新 XFS 文件系统版本为 1.2 版本，可以很好地工作在 Linux 2.4 核心下，其具有如下主要特性。

1）数据完全性。采用 XFS 文件系统，当发生意外宕机后，由于文件系统开启了日志功能，所以用户磁盘上的文件不再会因意外宕机而遭到破坏。不论目前文件系统上存储的文件与数据有多少，文件系统都可以根据所记录的日志在很短的时间内迅速恢复磁盘文件内容。

2）传输特性。XFS 文件系统采用优化算法，日志记录对整体文件操作影响非常小。XFS 查询与分配存储空间非常快。XFS 文件系统能持续提供快速的反应时间。根据对 XFS、Ext 4、Ext 3、Btrfs 等文件系统的测试，XFS 文件系统的性能表现相当出众。

3）可扩展性。XFS 是一个全 64 位的文件系统，可以支持上百万 TB 的存储空间。对特大文件及小尺寸文件的支持都表现出众，并支持特大数量的目录。最大可支持的文件大小为 9 EB，最大文件系统尺寸为 18 EB。XFS 使用高的表结构（B+树），保证了文件系统可以快速搜索与分配空间。XFS 能够持续提供高速操作，文件系统的性能不受目录及文件数量的限制。

4）传输带宽。XFS 能以接近裸机设备 I/O 的性能存储数据。在单个文件系统的测试中，其吞吐量最高可达 7 GB/s。

3. 分区与文件系统的关系

硬盘设备处于底层，在硬盘设备之上可以创建分区，对于创建的分区可以格式化为相应的文件系统，然后挂载使用。分区与文件系统的结构关系如图 1-1 所示。

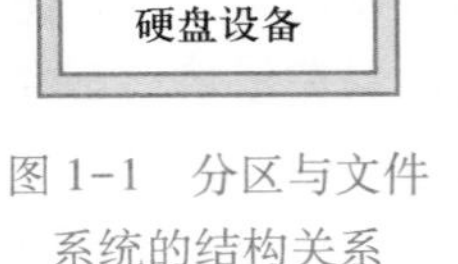

图 1-1　分区与文件系统的结构关系

任务实施

（1）配置系统基本环境

本任务的实验环境为 CentOS 7.9 系统，在 Windows 中可以通过 VMware Workstation 安装 CentOS 7.9 系统的虚拟机进行实验。

1）安装 VMware Workstation。VMware Workstation 的安装方法很简单，可根据提示一直按默认设置进行安装，即不断地单击“下一步”按钮即可。安装过程中如果遇到需要安装的驱动，选择安装即可。CentOS 7.9 的源文件使用 CentOS-7-x86_64-DVD-2009.iso。

2）创建 CentOS 7.9 虚拟机。打开 VMware Workstation，如图 1-2 所示。在主界面上单击“创建新的虚拟机”按钮，创建 CentOS 7.9 环境。

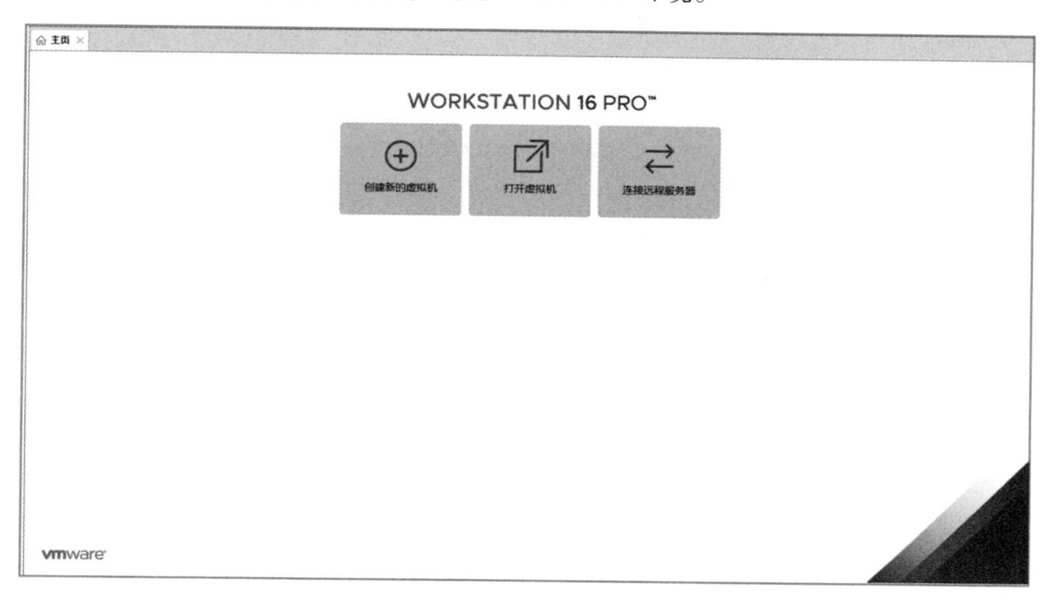

图 1-2　VMware Workstation 主界面

3）新建虚拟机环境。在“新建虚拟机向导”对话框的“欢迎使用新建虚拟机向导”界面中选中“典型”单选按钮，如图 1-3 所示。完成选择后单击“下一步”按钮。

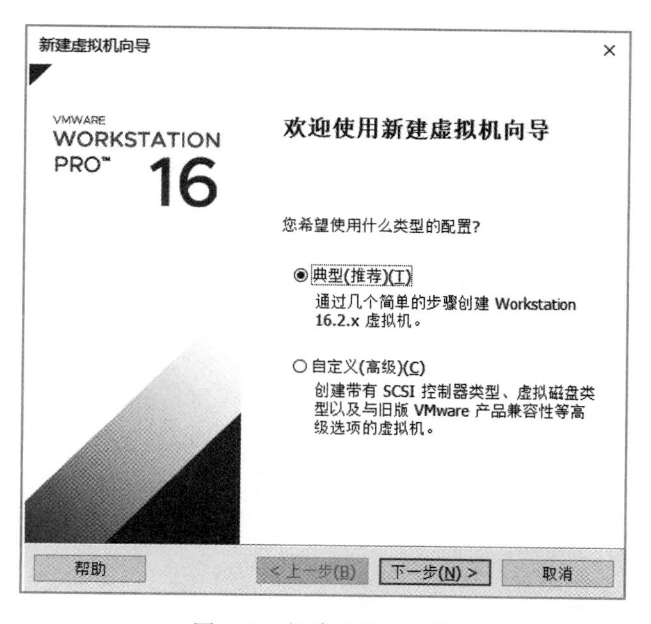

图 1-3　新建虚拟机向导

4）安装客户机操作系统。在“新建虚拟机向导”对话框的“安装客户机操作系统”界面中选中“稍后安装操作系统”单选按钮，如图 1-4 所示。完成选择后单击“下一步”按钮。

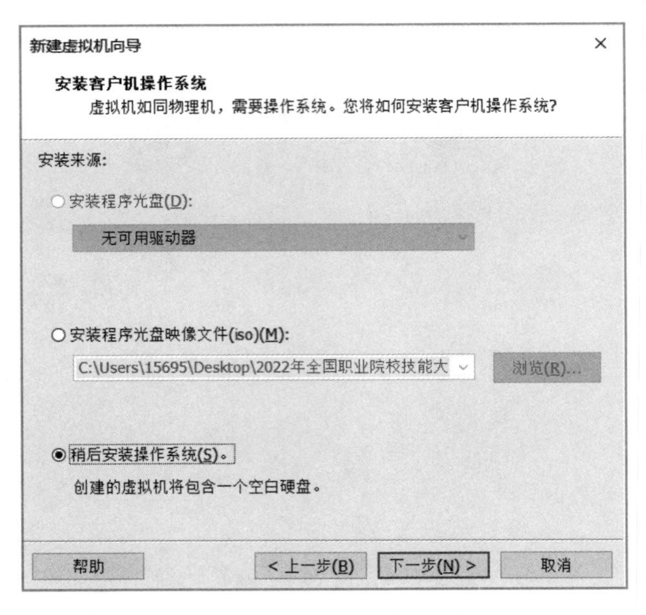

图 1-4 安装客户机操作系统

5）选择客户机操作系统。选中“Linux”单选按钮，选择版本为 CentOS 7 64 位，如图 1-5 所示。完成后单击“下一步”按钮。

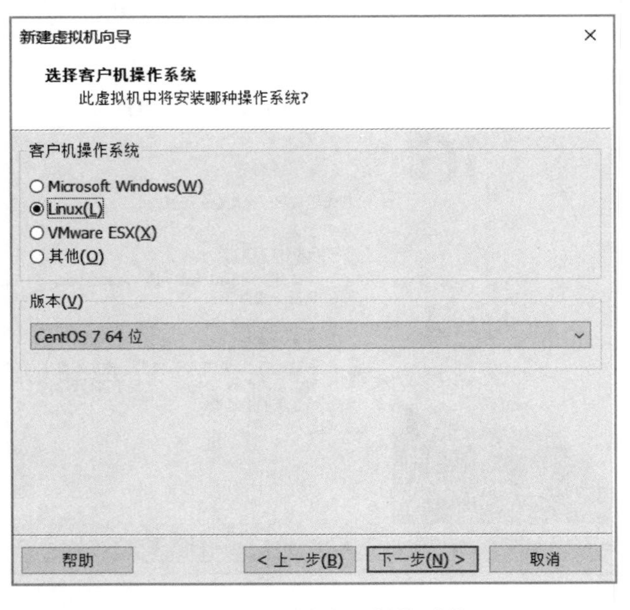

图 1-5 选择客户机操作系统

6）命名虚拟机。将虚拟机名称设置为 CentOS 7.9，采用默认安装位置，如图 1-6 所示。完成后单击“下一步”按钮。

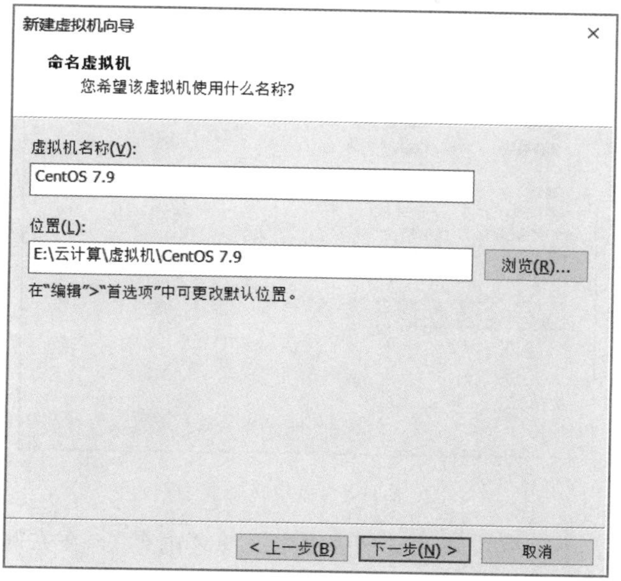

新建虚拟机向导
命名虚拟机
您希望该虚拟机使用什么名称?
虚拟机名称(V):
CentOS 7.9
位置(L):
E:\云计算\虚拟机\CentOS 7.9
浏览(R)...
在“编辑”>“首选项”中可更改默认位置。
< 上一步(B)
下一步(N) >
取消

图 1-6 命名虚拟机

7）选择磁盘大小。选中“将虚拟磁盘存储为单个文件”单选按钮，将“最大磁盘大小”设置为 20.0 GB，如图 1-7 所示，然后单击“下一步”按钮。

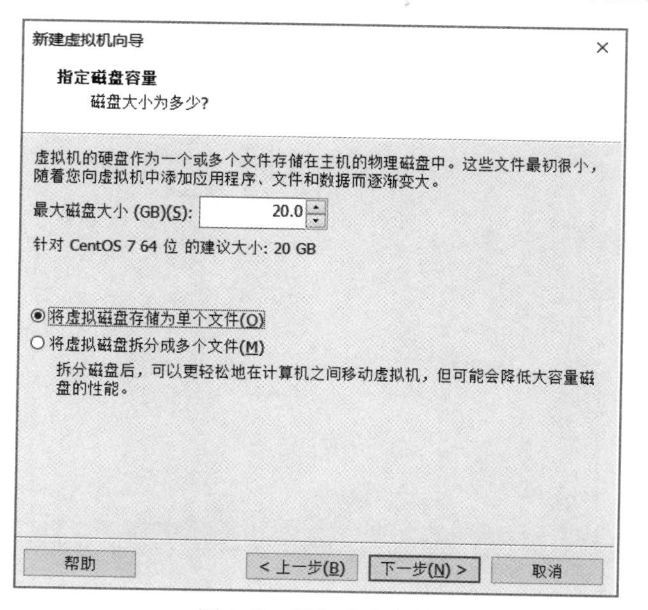

图 1-7 指定磁盘容量

8）自定义硬件。如图 1-8 所示，单击“自定义硬件”按钮，打开“硬件”对话框。

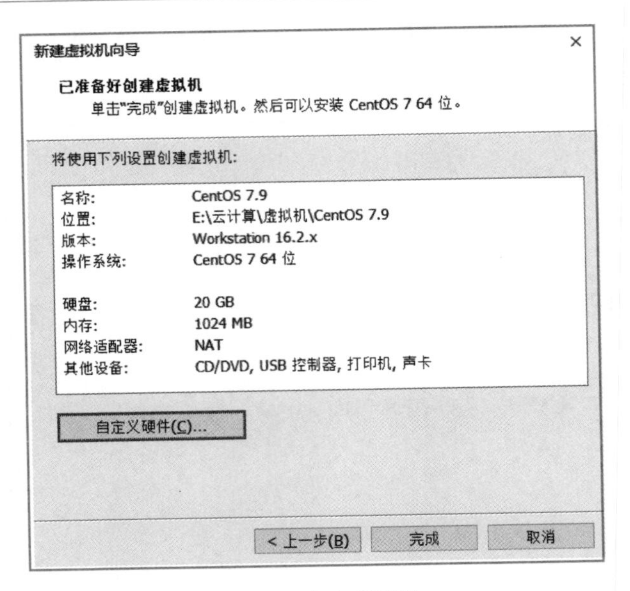

图 1-8　自定义硬件

9）选择内存大小。在“硬件”列表框中选择“内存”，在右侧拖动滑块至 2 GB，如图 1-9 所示。

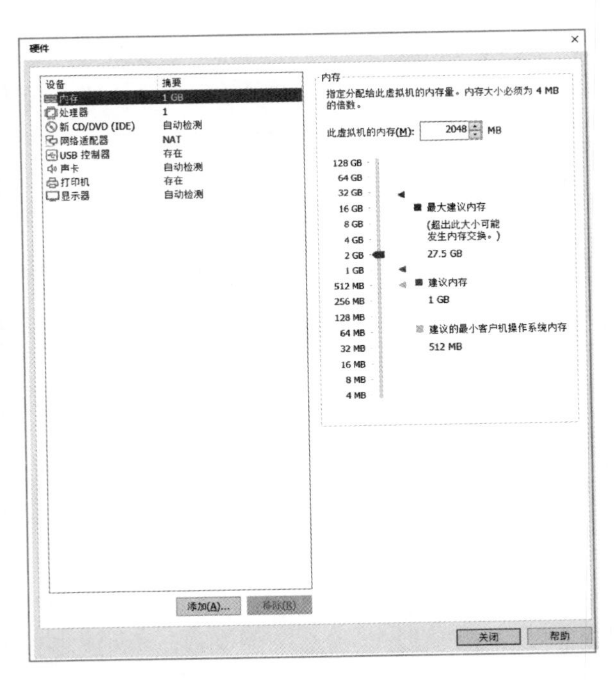

图 1-9　选择内存大小

10）选择 ISO 映像文件。在“硬件”列表框中选择“新 CD/DVD（IDE）”，在右侧的“连接”选项区中选中“使用 ISO 映像文件”单选按钮，然后单击“浏览”按钮在本地计算机中选择 CentOS-7-x86_64-DVD-2009. iso 文件，如图 1-10 所示。

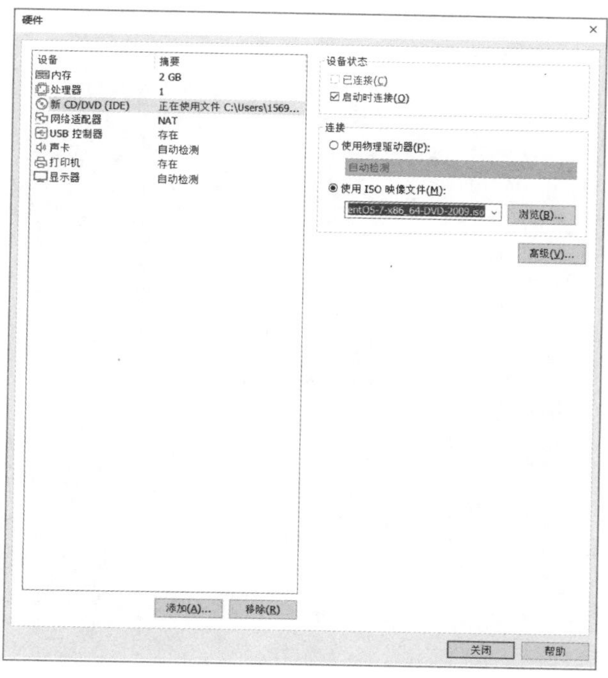

图 1-10　选择 ISO 映像文件

（2）安装虚拟机操作系统

1）自定义硬件后，单击“关闭”按钮，完成虚拟机环境配置。单击“开启此虚拟机”按钮，如图 1-11 所示。

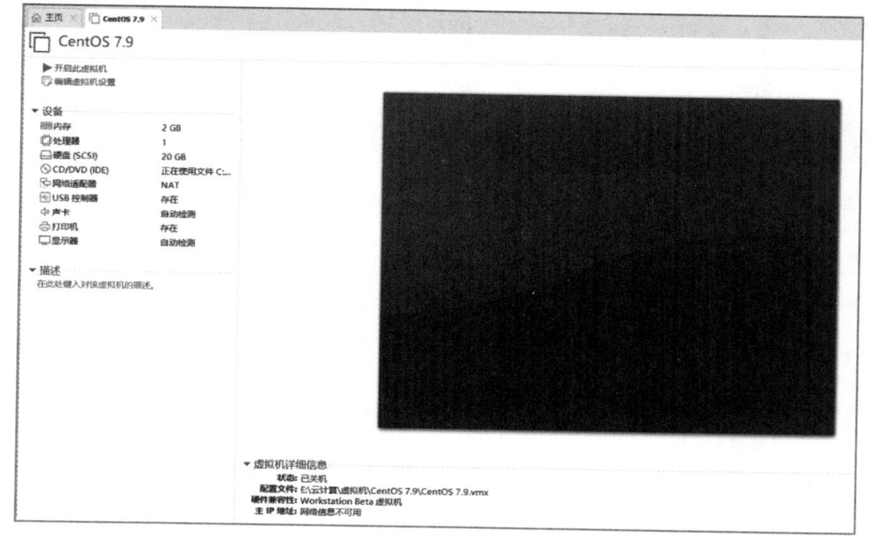

图 1-11　开启虚拟机

2）使用键盘的方向键选择“Install CentOS 7”选项并按 Enter 键，如图 1-12 所示。

图 1-12　安装 CentOS 7

3）选择安装语言为“English”→“English（United States）”，如图 1-13 所示，单击“Continue”按钮。

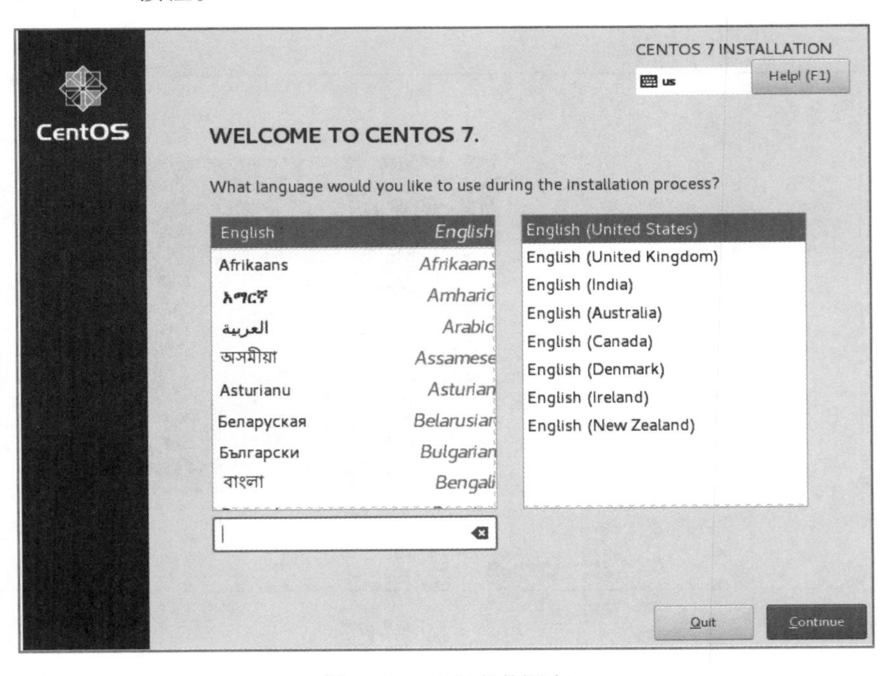

图 1-13　选择安装语言

4）单击“INSTALLATION SOURCE”按钮，如图 1-14 所示。

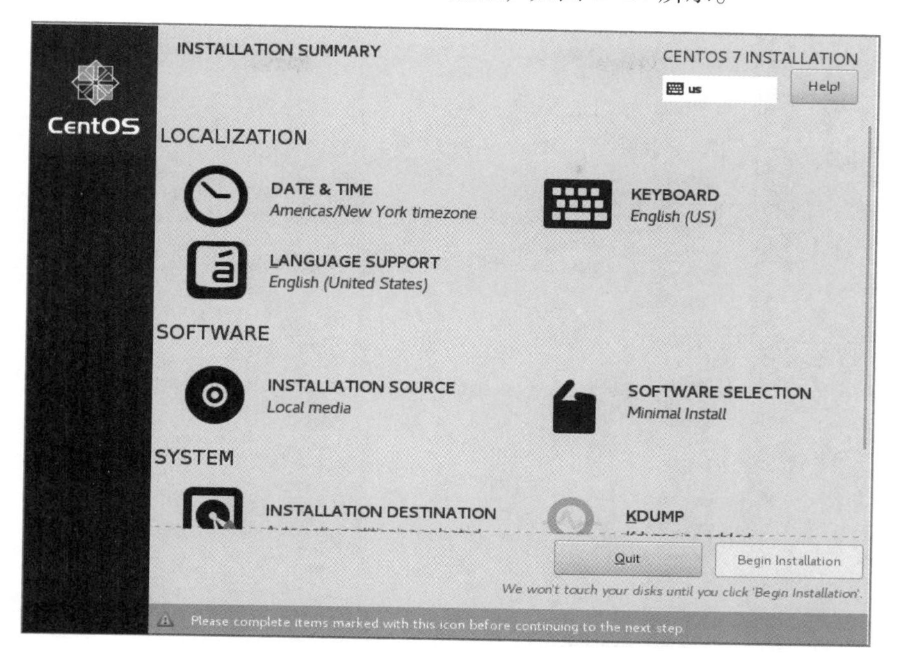

图 1-14　安装选项

5）选择安装的硬盘，单击“Done”按钮，如图 1-15 所示。

INSTALLATION DESTINATION
Done
CENTOS 7 INSTALLATION
us
Help!
Device Selection
Select the device(s) you'd like to install to. They will be left untouched until you click on the main menu's "Begin Installation" button.
Local Standard Disks
20 GiB
VMware, VMware Virtual S
sda / 20 GiB free
Disks left unselected here will not be touched.
Specialized & Network Disks
Add a disk...
Disks left unselected here will not be touched.
Other Storage Options
Partitioning
Automatically configure partitioning.　I will configure partitioning.
I would like to make additional space available.
Full disk summary and boot loader...
1 disk selected; 20 GiB capacity; 20 GiB free　Refresh...

图 1-15　选择安装的硬盘

6）单击“Begin Installation”按钮，开始安装，如图 1-16 所示。

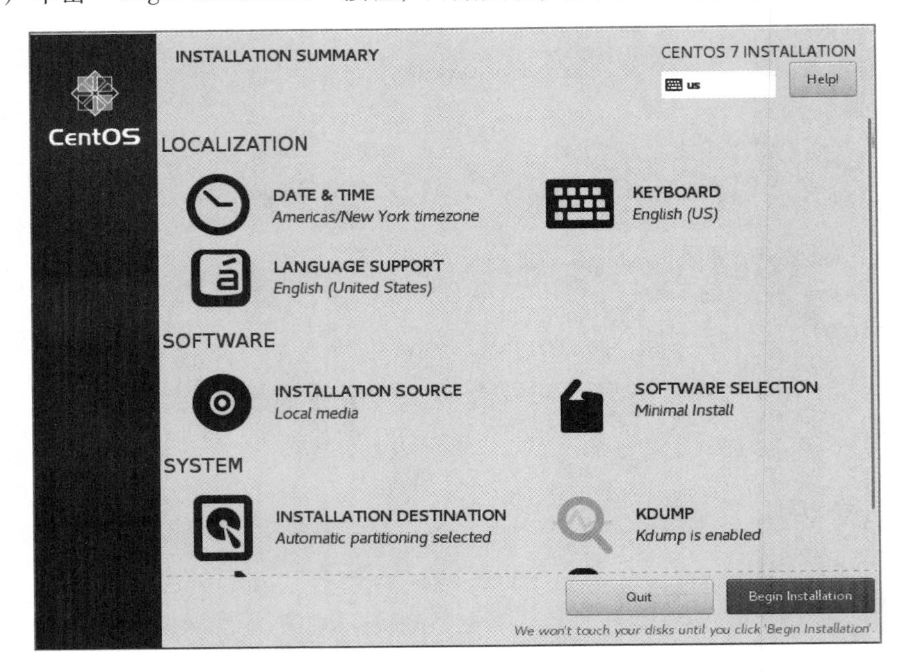

图 1-16　开始安装

7）单击“ROOT PASSWORD”按钮，设置 ROOT 用户密码，如图 1-17 所示。

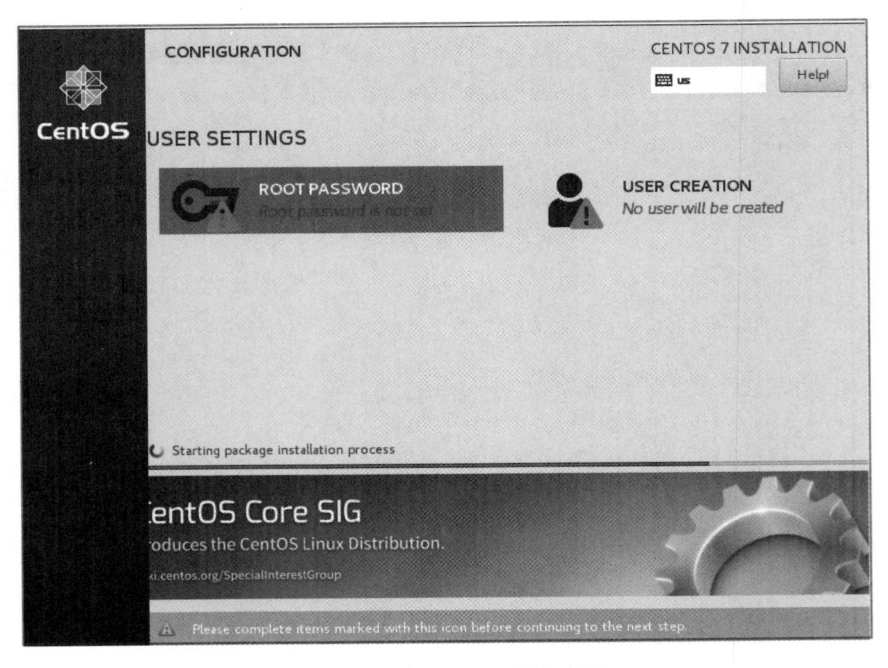

图 1-17　设置 ROOT 用户密码

在“Root Password”和“Confirm”文本框中均输入“000000”，将密码设置为000000，如图 1-18 所示。设置完成后单击左上角的“Done”按钮。

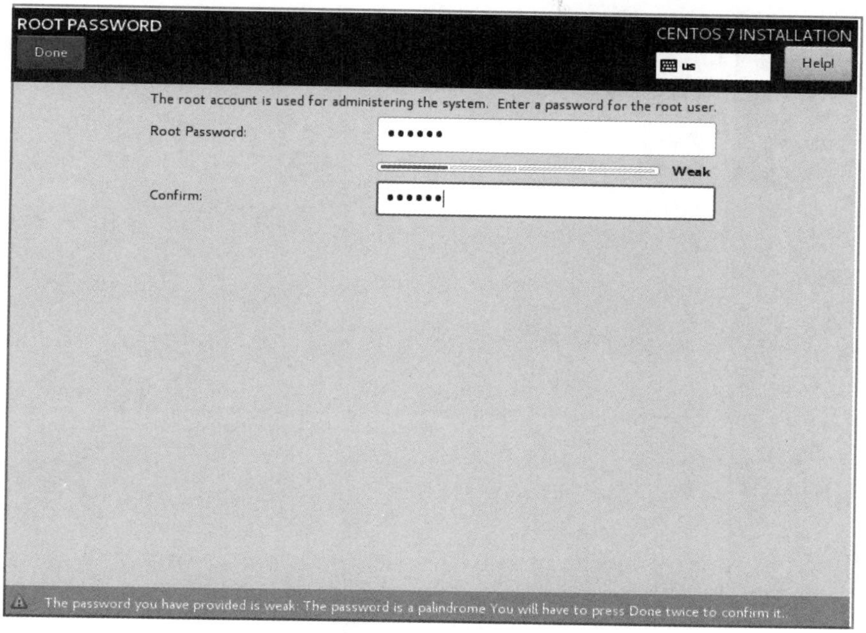

图 1-18　密码设置完成

8）如图 1-19 所示，正在安装系统。

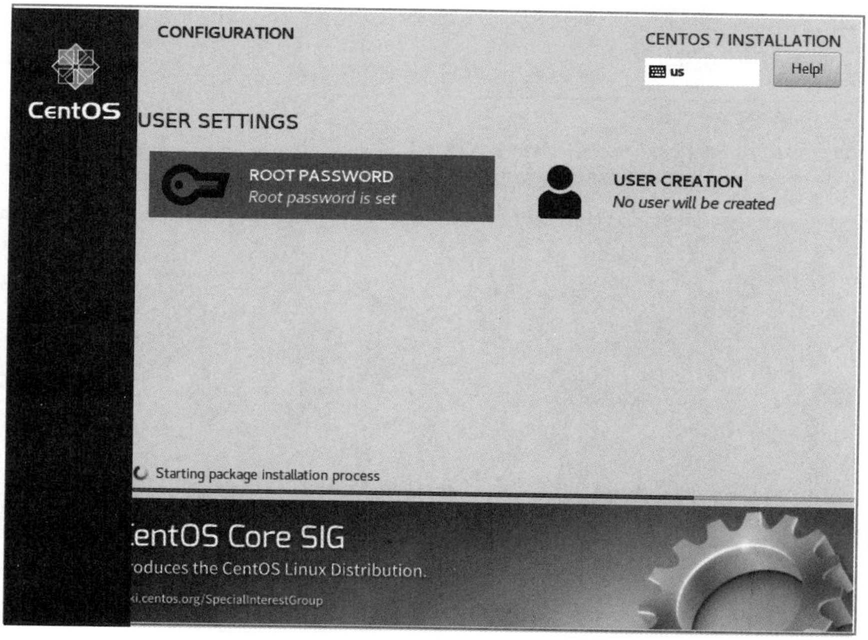

图 1-19　安装系统

9）安装完成后，单击“Reboot”按钮重启系统，如图 1-20 所示。

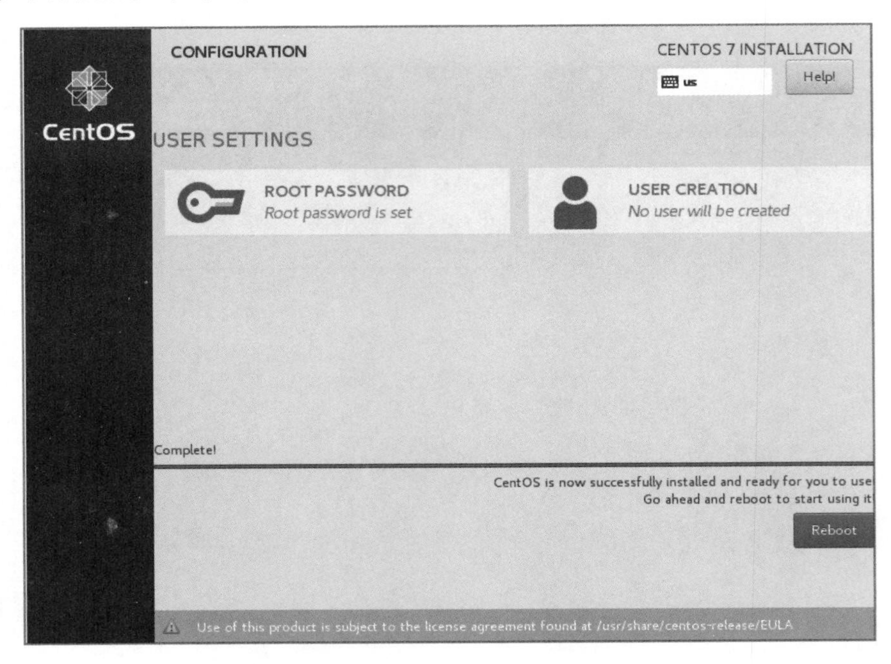

图 1-20 重启系统

（3）初始系统环境配置

1）登录 CentOS 7.9 系统，在“localhost login:”后光标所在处输入用户名“root”，如图 1-21 所示，然后按 Enter 键，系统执行完毕后，在光标所在处输入密码“000000”并按 Enter 键。

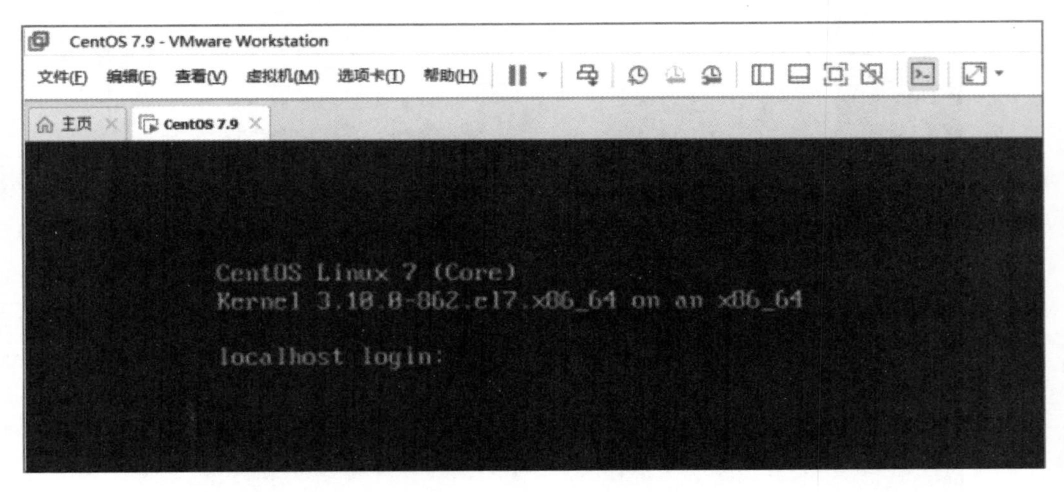

图 1-21 登录系统

2）安装完成后，可在虚拟机中添加一块硬盘。在顶部的菜单栏中选择“虚拟机”→“设置”命令，打开“虚拟机设置”对话框，如图 1-22 所示。

图 1-22 “虚拟机设置”对话框

3）添加硬盘

① 在打开的“虚拟机设置”对话框中，单击“硬件”选项卡下方的“添加”按钮，弹出“添加硬件向导”对话框，选择硬件类型为“硬盘”后单击“下一步”按钮，如图 1-23 所示。

② 指定磁盘容量为“50 GB”，选中“将虚拟磁盘拆分成多个文件”单选按钮，如图 1-24 所示。

③ 单击“下一步”按钮，磁盘文件保存位置采用默认设置即可，完成磁盘添加，如图 1-25 所示。

4）查看磁盘。

重启并登录虚拟机，使用 lsblk 命令查看磁盘，如下所示，可以看到一块名为 sdb 的磁盘，大小为 50 GB。

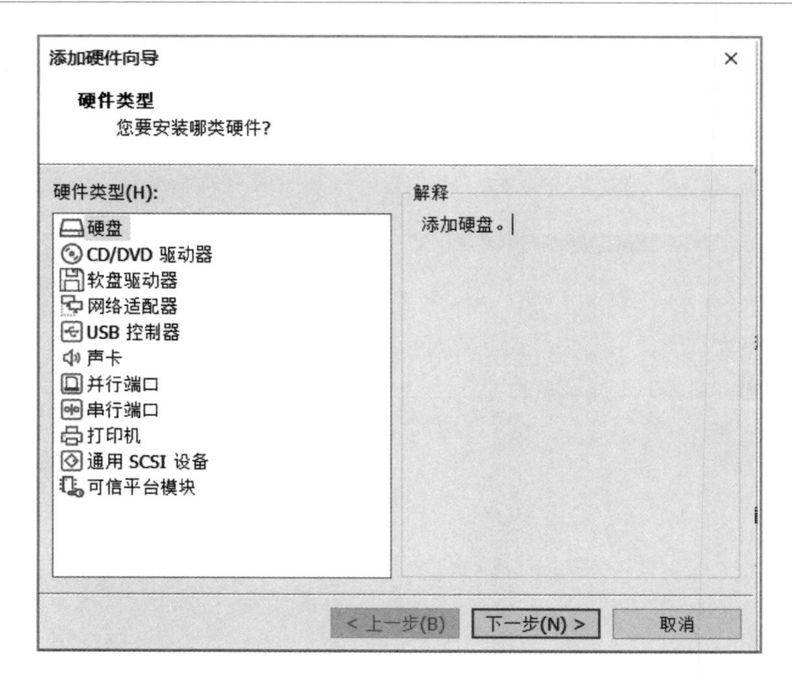

图 1-23　选择硬件类型

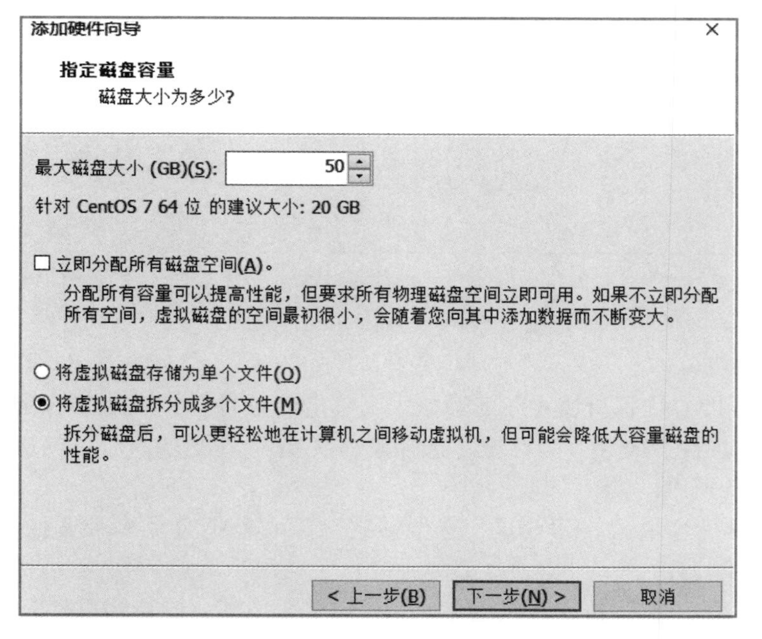

图 1-24　指定磁盘容量

```
[root@localhost ~]# lsblk
NAME            MAJ:MIN   RM   SIZE   RO   TYPE   MOUNTPOINT
```

```
sda                     8:0     0   20G   0   disk
├─sda1                  8:1     0   1G    0   part   /boot
└─sda2                  8:2     0   19G   0   part
  ├─centos-root       253:0     0   17G   0   lvm /
  └─centos-swap       253:1     0   2G    0   lvm    [SWAP]
sdb                     8:16    0   50G   0   disk
sr0                    11:0     1   4.2G  0   rom
```

图 1-25　完成磁盘添加

下面开始对/dev/sdb 进行分区。

```
[root@ localhost ~]# parted /dev/sdb
```

```
GNU Parted 3.1
Using /dev/sdb
Welcome to GNU Parted! Type 'help' to view a list of commands.
(parted) mklabel gpt
Warning: The existing disk label on /dev/sdb will be destroyed and all data on this disk
will be lost. Do you want to continue?
Yes/No? yes
(parted) mkpart primart 1 10G
(parted) print
Model: VMware, VMware Virtual S (scsi)
Disk /dev/sdb: 53.7GB
Sector size (logical/physical): 512B/512B
Partition Table: gpt
Disk Flags:

Number  Start   End     Size    File system  Name     Flags
1       1049kB  10.0GB  9999MB               primart

(parted)
```

从查看的结果中可以看到创建了一个名称为 sdb 1、大小为 10 GB 的分区。

输入 quit 命令保存并退出：

```
(parted) quit
[root@localhost ~]#
```

使用 fdisk -l 命令查看磁盘分区：

```
[root@localhost ~]#fdisk -l

Disk /dev/sda: 21.5 GB, 21474836480 bytes, 41943040 sectors
Units = sectors of 1 * 512 = 512 bytes
Sector size (logical/physical): 512 bytes / 512 bytes
I/O size (minimum/optimal): 512 bytes / 512 bytes
Disk label type: dos
Disk identifier: 0x0009adb1

   Device Boot      Start         End      Blocks   Id  System
/dev/sda1   *        2048     2099199     1048576   83  Linux
/dev/sda2         2099200    41943039    19921920   8e  Linux LVM
```

```
Disk /dev/mapper/centos-root: 20.4 GB, 20396900352 bytes, 39837696 sectors
Units = sectors of 1 * 512 = 512 bytes
Sector size (logical/physical): 512 bytes / 512 bytes
I/O size (minimum/optimal): 512 bytes / 512 bytes

WARNING: fdisk GPT support is currently new, and therefore in an experimental phase. Use at your own discretion.

Disk /dev/sdb: 53.7 GB, 53687091200 bytes, 104857600 sectors
Units = sectors of 1 * 512 = 512 bytes
Sector size (logical/physical): 512 bytes / 512 bytes
I/O size (minimum/optimal): 512 bytes / 512 bytes
Disk label type: gpt
Disk identifier: 088BC722-9336-45D7-A848-21B1364AA706


#        Start          End     Size   Type              Name
1        2048      19531775     9.3G   Microsoft basic   primart
```

接下来使用分区命令，先对分区进行格式化，这里使用 Ext 4 格式，也可以使用 Ext 3 或者 XFS 格式。

```
[root@localhost ~]# mkfs.ext4 /dev/sdb1
mke2fs 1.42.9 (28-Dec-2013)
Filesystem label=
OS type: Linux
Block size=4096 (log=2)
Fragment size=4096 (log=2)
Stride=0 blocks, Stripe width=0 blocks
610800 inodes, 2441216 blocks
122060 blocks (5.00%) reserved for the super user
First data block=0
Maximum filesystem blocks=2151677952
75 block groups
32768 blocks per group, 32768 fragments per group
8144 inodes per group
Superblock backups stored on blocks:
```

```
        32768, 98304, 163840, 229376, 294912, 819200, 884736, 1605632

Allocating group tables: done
Writing inode tables: done
Creating journal (32768 blocks): done
Writing superblocks and filesystem accounting information: done
```

创建挂载目录：

```
[root@ localhost ~]# mkdir -p /mnt/sdb1
```

挂载分区：

```
[root@ localhost ~]# mount /dev/sdb1 /mnt/sdb1
```

查看挂载情况：

```
[root@ localhost ~]# df -h
Filesystem                 Size   Used  Avail  Use%  Mounted on
devtmpfs                   979M      0   979M    0%  /dev
tmpfs                      991M      0   991M    0%  /dev/shm
tmpfs                      991M   9.5M   981M    1%  /run
tmpfs                      991M      0   991M    0%  /sys/fs/cgroup
/dev/mapper/centos-root     19G   1.3G    18G    7%  /
/dev/sda1                 1014M   138M   877M   14%  /boot
tmpfs                      199M      0   199M    0%  /run/user/0
/dev/sdb1                  9.1G    37M   8.6G    1%  /mnt/sdb1
```

以后往/mnt/sdb1目录下写的内容都保存到/dev/sdb1中了。

删除分区也使用parted命令，然后输入rm命令，根据操作提示选择要删除的分区即可。同样，输入w命令后保存并退出。

删除刚才创建的主分区sdb1。因为只创建了一个分区，输入d命令后会默认删除该分区，具体步骤如下。

首先需要卸载挂载的目录：

```
[root@ localhost ~]# umount /dev/sdb1
```

然后查看挂载情况：

```
[root@ localhost ~]# df -h
Filesystem                 Size    Used   Avail   Use%   Mounted on
/dev/mapper/centos-root     17G   1003M     17G     6%   /
devtmpfs                   980M       0    980M     0%   /dev
```

```
tmpfs                    992M     0   992M   0%   /dev/shm
tmpfs                    992M  8.5M   983M   1%   /run
tmpfs                    992M     0   992M   0%   /sys/fs/cgroup
/dev/sda1               1014M  130M   885M  13%   /boot
tmpfs                    199M     0   199M   0%   /run/user/0
```

可以看到/dev/sdb1 已经没有挂载了。

接下来进行删除分区操作：

```
[root@ localhost ~]# parted /dev/sdb
GNU Parted 3.1
Using /dev/sdb
Welcome to GNU Parted! Type 'help' to view a list of commands.
(parted) rm 1
```

输入 print 命令查看分区：

```
(parted) print
Model: VMware, VMware Virtual S (scsi)
Disk /dev/sdb: 53.7GB
Sector size (logical/physical): 512B/512B
Partition Table: gpt
Disk Flags:

Number  Start  End  Size  File system  Name  Flags


(parted)
```

此时，可以看到之前创建的 sdb 1 已经不见了。因为系统只有一个分区，输入 d 命令会默认删除该分区，并不会让用户选择。

输入 quit 命令保存并退出：

```
(parted) quit
[root@ localhost ~]#
```

项目实训

【实训题目】

本实训要求挂载一个 30 GB 的分区 sdb 1 到/mnt/sdb1 目录下。

【实训目的】

1. 掌握 Parted 分区工具的使用方法。
2. 掌握多种文件系统的格式化方法。

3. 掌握硬盘的挂载和使用方法。

【实训内容】

实训文档 任务1.1

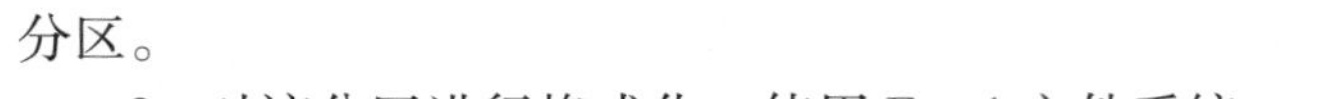

1. 使用 fdisk 分区工具对/dev/sdb 进行分区，创建大小为 30 GB、名称为 sdb1 的分区。
2. 对该分区进行格式化，使用 Ext 4 文件系统。
3. 在 mnt 目录下创建一个子目录 sdb 1。
4. 挂载/dev/sdb1 到新创建的/mnt/sdb1。

任务 1.2 学习 RAID 磁盘阵列

任务描述

RAID 磁盘阵列

1. 了解 RAID 及其各个等级之间的区别。
2. 了解 RAID 的优势和使用场景。
3. 掌握 RAID 各种等级的组建、使用和运维方法。

微课 RAID 磁盘阵列

知识学习

1. RAID 的定义

RAID（Redundant Array of Indenpensive Disk，独立磁盘冗余阵列）也称磁盘阵列。磁盘阵列是指把多个磁盘组成一个阵列，当作单一磁盘使用，它将数据以分段或条带（Striping）的方式存储在不同的磁盘中。在存取数据时，阵列中的相关磁盘一起动作，大幅减少数据的存取时间，同时有更高的空间利用率。磁盘阵列利用的技术称为 RAID Level，不同的 Level 针对不同的系统及应用，以解决数据安全的问题。简单来说，RAID 把多个硬盘组合成一个逻辑扇区，因此，操作系统只会把它当作一个硬盘。

（1）RAID 的优点

- 提高传输速率。RAID 通过在多个磁盘上同时存储和读取数据来大幅提高存储系统的数据吞吐量（Throughput）。在 RAID 中，可以让很多磁盘驱动器同时传输数据，而这些磁盘驱动器在逻辑上又是一个磁盘驱动器，所以使用 RAID 可以达到单个磁盘驱动器几倍、几十倍甚至上百倍的传输速率。
- 通过数据校验提供容错功能。若没有写在磁盘上的 CRC（循环冗余校验）码，普通磁盘驱动器无法提供容错功能。RAID 容错是建立在每个磁盘驱动器的硬件容错功能之上的，所以它提供更高的安全性。在很多 RAID 模式中都有较为完备的相互校验/恢复的措施，甚至是相互的镜像备份，从而大大提升了 RAID 系统的容错度，提高了系统的稳定冗余性。

（2）RAID 的缺点

- 有些 RAID 模式硬盘利用率低，且价格昂贵。

- RAID 0 没有冗余功能，如果一个磁盘（物理）损坏，则所有的数据都无法使用。
- RAID 1 磁盘的利用率只有 50%，是所有 RAID 模式中最低的。
- RAID 5 可以理解为是 RAID 0 和 RAID 1 的折中方案。RAID 5 可以为系统提供数据安全保障，保障程度比 RAID 1 低，但磁盘空间利用率比 RAID 1 高。

（3）RAID 的分类

- RAID 0。RAID 0 数据分条（条带）盘，只需要两块以上的硬盘，成本低，可以提高整个磁盘的性能和吞吐量，但没有容错功能，任何一个磁盘损坏都将损坏全部数据。RAID 0 的结构如图 1-26 所示。
- RAID 1。数据在写入一块磁盘的同时，会在另一块闲置的磁盘上生成镜像文件，至少需要两块硬盘，RAID 大小等于两个 RAID 分区中最小的容量（因此最好将分区大小设置为相同），可增加热备盘提供一定的备份能力。数据有冗余，在存储时同时写入两块硬盘，实现了数据备份，相对降低了写入性能，但读取数据时可以并发，与 RAID 0 的读取效率类似。RAID 1 的结构如图 1-27 所示。

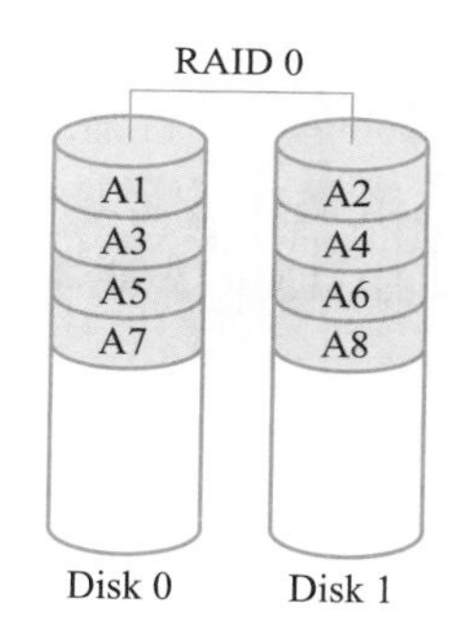

图 1-26　RAID 0 的结构

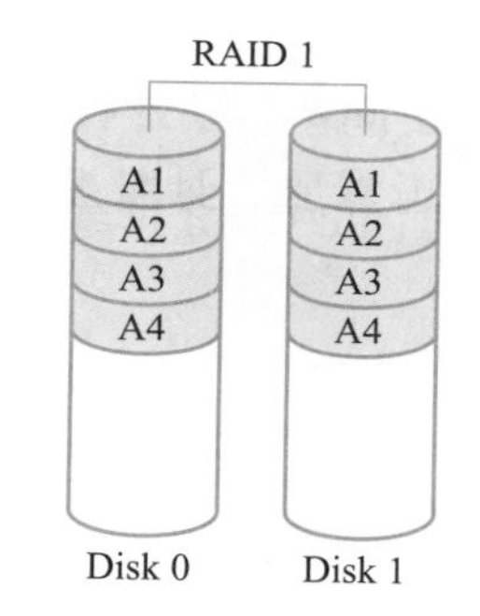

图 1-27　RAID 1 的结构

- RAID 5。RAID 5 采用分布式奇偶校验的独立磁盘结构，需要 3 块或以上的硬盘，可以提供热备盘实现故障的恢复。采用分布式奇偶效验，可靠性强，两块硬盘同时损坏时数据才会丢失，当只有一块硬盘损坏时，系统会根据存储的奇偶校验位重建数据，临时提供服务。此时如果有热备盘，系统还会自动在热备盘上重建故障磁盘上的数据。RAID 5 的结构如图 1-28 所示。
- RAID 1+0（RAID 10）。RAID 1+0 先镜像再分区，将所有硬盘分为两组，相当于 RAID 0 的最低组合，然后将这两组各自视为 RAID 1 运行。RAID 1+0 的结构如图 1-29 所示。

2. RAID 的管理工具

通常使用 Mdadm（multiple devices admin）作为 RAID 的管理工具，Mdadm 是 Linux 下标准的软 RAID 管理工具，是一个模式化工具。程序工作在内存用户程序区，为用户提供 RAID 接口来操作内核的模块，实现相应功能。

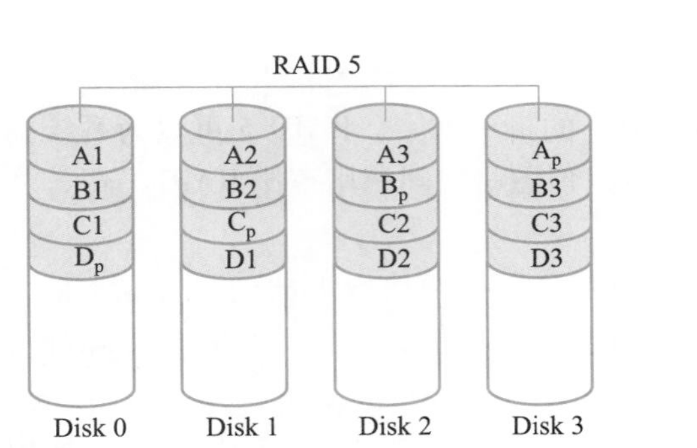

图 1-28　RAID 5 的结构

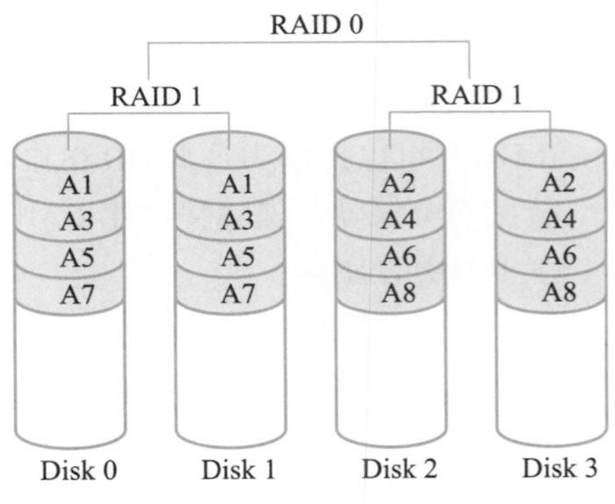

图 1-29　RAID 1+0 的结构

Mdadm 命令的基本语法：

```
mdadm [mode] <RAID-device> [options] <component-devices>
```

目前支持的模式有 LINEAR（线性模式）、RAID 0（striping 条带模式）、RAID 1（mirroring）、RAID 4、RAID 5、RAID 6、RAID 10、MULTIPATH 和 FAULTY 等。

查看 RAID 阵列的详细信息的命令如下：

```
mdadm -D /dev/md
--detail
```

停止 RAID 阵列的命令如下：

```
mdadm -S /dev/md
--stop
```

启动 RAID 阵列的命令如下：

```
mdadm -A /dev/md
--start
```

其他选项：

- -c，--config=：指定配置文件，默认为/etc/mdadm. conf。
- -s，--scan：扫描配置文件或用/proc/mdstat 命令搜寻丢失的信息。默认配置文件为/etc/mdadm. conf。
- -h，--help：帮助信息，当使用在以上选项后，则显示该选项的帮助信息。
- -v，--verbose：显示细节，一般只能与--detile 或--examine 一起使用，显示中级的信息。
- -b，--brief：较少的细节，用于--detail 和--examine 选项。
- --help-options：显示更详细的帮助。
- -V，--version：版本信息。

- -q，--quiet：安静模式，该选项能使 mdadm 不显示纯消息性的信息（重要的报告除外）。

RAID 的特性见表 1-1。

表 1-1 RAID 的特性

RAID Level	性能提升	冗余能力	空间利用率/%	最低磁盘数量/块
RAID 0	读、写性能提升	无	100	2
RAID 1	读性能提升，写性能下降	有	50	2
RAID 5	读、写性能提升	有	(n-1)/n	3
RAID 1+0	读、写性能提升	有	50	4
RAID 0+1	读、写性能提升	有	50	4
RAID 5+0	读、写性能提升	有	(n-2)/n	6

3. RAID 与分区、文件系统的关系

RAID 是在分区之上的，可以通过对几个分区（通常是几块硬盘上的）创建 RAID 磁盘阵列，来提高数据的 I/O 速率。创建的 RAID 可以看作一整块硬盘设备，可对该设备进行分区、格式化、挂载使用 RAID 与文件系统。RAID 与分区、文件系统的关系如图 1-30 所示。

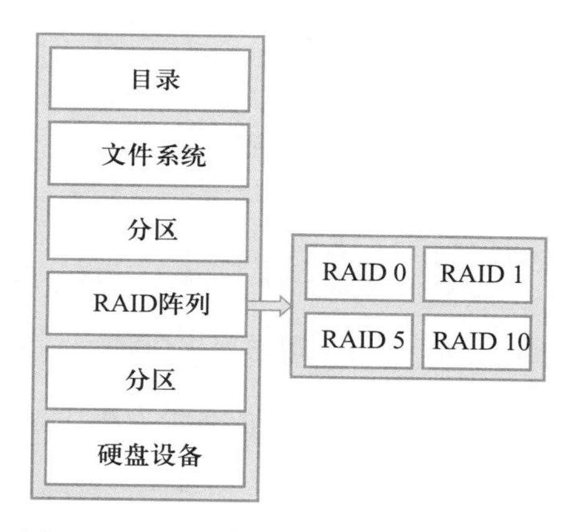

图 1-30 RAID 与分区、文件系统的关系

任务实施

存储分区操作

（1）实验环境

系统：CentOS 7.9，使用前面创建的虚拟机来进行操作，并为虚拟机添加一块 50 GB 的新硬盘。

工具：mdadm-4.0-13.el7.x86_64。

新建4个磁盘分区，每个大小为10 GB。使用这4个10 GB的磁盘分区来模拟4个1 TB的硬盘。

（2）fdisk分区

使用fdisk分区。这里的设备名称为/dev/sdb，首先使用fdisk -l命令查看硬盘的情况：

```
[root@localhost ~]# fdisk -l

Disk /dev/sda: 21.5 GB, 21474836480 bytes, 41943040 sectors
Units = sectors of 1 * 512 = 512 bytes
Sector size (logical/physical): 512 bytes / 512 bytes
I/O size (minimum/optimal): 512 bytes / 512 bytes
Disk label type: dos
Disk identifier: 0x000a2208

   Device Boot      Start         End      Blocks   Id  System
/dev/sda1   *        2048     2099199     1048576   83  Linux
/dev/sda2         2099200    41943039    19921920   8e  Linux LVM

Disk /dev/sdb: 53.7 GB, 53687091200 bytes, 104857600 sectors
Units = sectors of 1 * 512 = 512 bytes
Sector size (logical/physical): 512 bytes / 512 bytes
I/O size (minimum/optimal): 512 bytes / 512 bytes
Disk label type: dos
Disk identifier: 0x60450d70

   Device Boot      Start         End      Blocks   Id  System
```

使用fdisk命令对/dev/sdb进行分区，分成4个大小为10 GB的分区，分区完毕再使用fdisk -l命令查看：

```
[root@localhost ~]# fdisk -l

Disk /dev/sda: 21.5 GB, 21474836480 bytes, 41943040 sectors
Units = sectors of 1 * 512 = 512 bytes
Sector size (logical/physical): 512 bytes / 512 bytes
I/O size (minimum/optimal): 512 bytes / 512 bytes
Disk label type: dos
```

```
Disk identifier: 0x000a2208

   Device Boot      Start         End      Blocks   Id  System
/dev/sda1   *        2048     2099199     1048576   83  Linux
/dev/sda2         2099200    41943039    19921920   8e  Linux LVM

Disk /dev/sdb: 53.7 GB, 53687091200 bytes, 104857600 sectors
Units = sectors of 1 * 512 = 512 bytes
Sector size (logical/physical): 512 bytes / 512 bytes
I/O size (minimum/optimal): 512 bytes / 512 bytes
Disk label type: dos
Disk identifier: 0x60450d70

   Device Boot      Start         End      Blocks   Id  System
/dev/sdb1            2048    20973567    10485760   83  Linux
/dev/sdb2        20973568    41945087    10485760   83  Linux
/dev/sdb3        41945088    62916607    10485760   83  Linux
/dev/sdb4        62916608    83888127    10485760   83  Linux
```

可以使用 lsblk 命令来查看分区信息：

```
[root@ localhost ~]# lsblk
NAME              MAJ:MIN  RM  SIZE RO TYPE  MOUNTPOINT
sda                 8:0     0   20G  0 disk
├─sda1              8:1     0    1G  0 part  /boot
└─sda2              8:2     0   19G  0 part
  ├─centos-root   253:0     0   17G  0 lvm   /
  └─centos-swap   253:1     0    2G  0 lvm   [SWAP]
sdb                 8:16    0   50G  0 disk
├─sdb1              8:17    0   10G  0 part
├─sdb2              8:18    0   10G  0 part
├─sdb3              8:19    0   10G  0 part
└─sdb4              8:20    0   10G  0 part
```

（3）RAID 创建

1）创建 RAID 0 设备。这里使用/dev/sdb1 和/dev/sdb2 创建设备。

将/dev/sdb1 和/dev/sdb2 创建为 RAID 0 的 md0（设备名）。

```
[root@ localhost ~]# mdadm -Cv /dev/md0 -l0 -n2 /dev/sdb[1-2]
mdadm: chunk size defaults to 512K
```

```
mdadm: /dev/sdb1 appears to contain an ext2fs file system
       size=10485760K   mtime=Sat Oct  1 21:50:38 2022
Continue creating array? yes
mdadm: Defaulting to version 1.2 metadata
mdadm: array /dev/md0 started.
```

命令解析如下。

- -Cv：创建设备，并显示信息。
- -l0：RAID 0。
- -n2：创建 RAID 的设备有两块。

查看系统上的 RAID：

```
[root@ localhost ~]# cat /proc/mdstat
Personalities : [raid0]
md0 : active raid0 sdb2[1] sdb1[0]
      20953088 blocks super 1.2 512k chunks
unused devices: <none>
```

创建完之后进行删除操作：

```
[root@ localhost ~]# mdadm -S /dev/md0
mdadm: stopped /dev/md0
[root@ localhost ~]# mdadm --misc --zero-superblock /dev/sdb1    #移除 sdb1
[root@ localhost ~]# mdadm --misc --zero-superblock /dev/sdb2    #移除 sdb2
```

再查看系统上的 RAID 情况：

```
[root@ localhost ~]# cat /proc/mdstat
Personalities : [raid0]
unused devices: <none>
```

2）创建 RAID 1 设备。这里使用两个分区——/dev/sdb1 和/dev/sdb2 创建设备。

```
[root@ localhost ~]# mdadm -Cv /dev/md1 -l1 -n2 /dev/sdb[1-2]
mdadm: /dev/sdb1 appears to contain an ext2fs file system
       size=10485760K   mtime=Sat Oct  1 21:50:38 2022
mdadm: Note: this array has metadata at the start and
    may not be suitable as a boot device.  If you plan to
    store '/boot' on this device please ensure that
    your boot-loader understands md/v1.x metadata, or use
    --metadata=0.90
mdadm: size set to 10476544K
```

```
Continue creating array? yes
mdadm: Defaulting to version 1.2 metadata
mdadm: array /dev/md1 started.
```

查看组件 RAID 的进度：

```
[root@ localhost ~]# cat /proc/mdstat
Personalities : [raid0] [raid1]
md1 : active raid1 sdb2[1] sdb1[0]
      10476544 blocks super 1.2 [2/2] [UU]
      [=======>.............]   resync = 36.2% (3801088/10476544)
finish=0.5min speed=211171K/sec

unused devices: <none>

[root@ localhost ~]# cat /proc/mdstat
Personalities : [raid0] [raid1]
md1 : active raid1 sdb2[1] sdb1[0]
      10476544 blocks super 1.2 [2/2] [UU]
      [==================>....]   resync = 80.1% (8402560/
10476544) finish=0.1min speed=205743K/sec

unused devices: <none>

[root@ localhost ~]# cat /proc/mdstat
Personalities : [raid0] [raid1]
md1 : active raid1 sdb2[1] sdb1[0]
      10476544 blocks super 1.2 [2/2] [UU]

unused devices: <none>
```

使用 fdisk -l 命令查看硬盘信息：

```
[root@ localhost ~]# fdisk -l

Disk /dev/sda: 21.5 GB, 21474836480 bytes, 41943040 sectors
Units = sectors of 1 * 512 = 512 bytes
Sector size (logical/physical): 512 bytes / 512 bytes
I/O size (minimum/optimal): 512 bytes / 512 bytes
Disk label type: dos
```

```
Disk identifier: 0x000a2208

   Device Boot      Start         End      Blocks   Id  System
/dev/sda1   *        2048     2099199     1048576   83  Linux
/dev/sda2         2099200    41943039    19921920   8e  Linux LVM

Disk /dev/sdb: 53.7 GB, 53687091200 bytes, 104857600 sectors
Units = sectors of 1 * 512 = 512 bytes
Sector size (logical/physical): 512 bytes / 512 bytes
I/O size (minimum/optimal): 512 bytes / 512 bytes
Disk label type: dos
Disk identifier: 0x60450d70

   Device Boot      Start         End      Blocks   Id  System
/dev/sdb1            2048    20973567    10485760   83  Linux
/dev/sdb2        20973568    41945087    10485760   83  Linux
/dev/sdb3        41945088    62916607    10485760   83  Linux
/dev/sdb4        62916608    83888127    10485760   83  Linux

Disk /dev/mapper/centos-root: 18.2 GB, 18249416704 bytes, 35643392 sectors
Units = sectors of 1 * 512 = 512 bytes
Sector size (logical/physical): 512 bytes / 512 bytes
I/O size (minimum/optimal): 512 bytes / 512 bytes

Disk /dev/mapper/centos-swap: 2147 MB, 2147483648 bytes, 4194304 sectors
Units = sectors of 1 * 512 = 512 bytes
Sector size (logical/physical): 512 bytes / 512 bytes
I/O size (minimum/optimal): 512 bytes / 512 bytes

Disk /dev/md1: 10.7 GB, 10727981056 bytes, 20953088 sectors
Units = sectors of 1 * 512 = 512 bytes
Sector size (logical/physical): 512 bytes / 512 bytes
I/O size (minimum/optimal): 512 bytes / 512 bytes
```

可以看到一块名为/dev/md1 的设备，大小为 10 GB。

3）创建 RAID 5 设备。这里使用 3 个分区——/dev/sdb1、/dev/sdb2 和/dev/sdb3 创建设备，按照之前的操作方法，先停止/dev/md1 设备，再移除/dev/sdb1 和/dev/sdb2

这两个分区。

```
[root@ localhost ~]# mdadm -S /dev/md1
mdadm: stopped /dev/md1
[root@ localhost ~]# mdadm --misc --zero-superblock /dev/sdb1
[root@ localhost ~]# mdadm --misc --zero-superblock /dev/sdb2
[root@ localhost ~]# cat /proc/mdstat
Personalities : [raid0] [raid1]
unused devices: <none>
```

从结果可以看出创建的RAID 5设备已经不存在了。

下面使用3个分区来创建1个RAID 5设备：

```
[root@ localhost ~]# mdadm -Cv /dev/md0 -l5 -n3 /dev/sdb[1-3]
mdadm: layout defaults to left-symmetric
mdadm: layout defaults to left-symmetric
mdadm: chunk size defaults to 512K
mdadm: /dev/sdb1 appears to contain an ext2fs file system
       size=10485760K   mtime=Sat Oct  1 21:50:38 2022
mdadm: size set to 10476544K
Continue creating array? yes
mdadm: Defaulting to version 1.2 metadata
mdadm: array /dev/md0 started.
```

查看RAID 5创建的进度：

```
[root@ localhost ~]# cat /proc/mdstat
Personalities : [raid0] [raid1] [raid6] [raid5] [raid4]
md0 : active raid5 sdb3[3] sdb2[1] sdb1[0]
      20953088 blocks super 1.2 level 5, 512k chunk, algorithm 2 [3/2] [UU_]
      [====>................]  recovery = 24.4% (2557532/10476544)
finish=0.6min speed=213127K/sec

unused devices: <none>

[root@ localhost ~]# cat /proc/mdstat
Personalities : [raid0] [raid1] [raid6] [raid5] [raid4]
md0 : active raid5 sdb3[3] sdb2[1] sdb1[0]
      20953088 blocks super 1.2 level 5, 512k chunk, algorithm 2 [3/2] [UU_]
      [================>....]  recovery = 83.8% (8779776/
10476544) finish=0.1min speed=206155K/sec
```

```
unused devices: <none>

[root@localhost ~]# cat /proc/mdstat
Personalities : [raid0] [raid1] [raid6] [raid5] [raid4]
md0 : active raid5 sdb3[3] sdb2[1] sdb1[0]
      20953088 blocks super 1.2 level 5, 512k chunk, algorithm 2 [3/3] [UUU]

unused devices: <none>
```

从结果可以看出 RAID 已经创建完毕。

使用 fdisk -l 命令查看系统的分区：

```
[root@localhost ~]#fdisk -l

Disk /dev/sda: 21.5 GB, 21474836480 bytes, 41943040 sectors
Units = sectors of 1 * 512 = 512 bytes
Sector size (logical/physical): 512 bytes / 512 bytes
I/O size (minimum/optimal): 512 bytes / 512 bytes
Disk label type: dos
Disk identifier: 0x000a2208

   Device Boot      Start         End      Blocks   Id  System
/dev/sda1   *        2048     2099199     1048576   83  Linux
/dev/sda2         2099200    41943039    19921920   8e  Linux LVM

Disk /dev/sdb: 53.7 GB, 53687091200 bytes, 104857600 sectors
Units = sectors of 1 * 512 = 512 bytes
Sector size (logical/physical): 512 bytes / 512 bytes
I/O size (minimum/optimal): 512 bytes / 512 bytes
Disk label type: dos
Disk identifier: 0x60450d70

   Device Boot      Start         End      Blocks   Id  System
/dev/sdb1            2048    20973567    10485760   83  Linux
/dev/sdb2        20973568    41945087    10485760   83  Linux
/dev/sdb3        41945088    62916607    10485760   83  Linux
/dev/sdb4        62916608    83888127    10485760   83  Linux
```

```
Disk /dev/mapper/centos-root: 18.2 GB, 18249416704 bytes, 35643392 sectors
Units = sectors of 1 * 512 = 512 bytes
Sector size (logical/physical): 512 bytes / 512 bytes
I/O size (minimum/optimal): 512 bytes / 512 bytes


Disk /dev/mapper/centos-swap: 2147 MB, 2147483648 bytes, 4194304 sectors
Units = sectors of 1 * 512 = 512 bytes
Sector size (logical/physical): 512 bytes / 512 bytes
I/O size (minimum/optimal): 512 bytes / 512 bytes


Disk /dev/md0: 21.5 GB, 21455962112 bytes, 41906176 sectors
Units = sectors of 1 * 512 = 512 bytes
Sector size (logical/physical): 512 bytes / 512 bytes
I/O size (minimum/optimal): 524288 bytes / 1048576 bytes
```

从结果中可以看到一块/dev/md0 的设备，使用 mdadm -D 命令可查看 RAID 的详细信息：

```
[root@localhost ~]# mdadm -D /dev/md0
/dev/md0:
           Version : 1.2
     Creation Time : Sat Oct  1 22:16:12 2022
        Raid Level : raid5
        Array Size : 20953088 (19.98 GiB 21.46 GB)
     Used Dev Size : 10476544 (9.99 GiB 10.73 GB)
      Raid Devices : 3
     Total Devices : 3
       Persistence : Superblock is persistent

       Update Time : Sat Oct  1 22:17:05 2022
             State : clean
    Active Devices : 3
   Working Devices : 3
    Failed Devices : 0
     Spare Devices : 0

            Layout : left-symmetric
```

```
        Chunk Size : 512K

Consistency Policy : resync

              Name : localhost.localdomain:0  (local to host localhost.localdomain)
              UUID : 1951c622:6c3ce72e:d3674efb:842eb612
            Events : 18

    Number   Major   Minor   Raid   Device State
       0       8      17      0     active sync   /dev/sdb1
       1       8      18      1     active sync   /dev/sdb2
       3       8      19      2     active sync   /dev/sdb3
```

使用Ext 4分区格式化磁盘：

```
[root@localhost ~]# mkfs.ext4 /dev/md0
mke2fs 1.42.9 (28-Dec-2013)
Filesystem label=
OS type: Linux
Block size=4096 (log=2)
Fragment size=4096 (log=2)
Stride=128 blocks, Stripe width=256 blocks
1310720 inodes, 5238272 blocks
261913 blocks (5.00%) reserved for the super user
First data block=0
Maximum filesystem blocks=2153775104
160 block groups
32768 blocks per group, 32768 fragments per group
8192 inodes per group
Superblock backups stored on blocks:
    32768, 98304, 163840, 229376, 294912, 819200, 884736, 1605632,
2654208,4096000

Allocating group tables: done
Writing inode tables: done
Creating journal (32768 blocks): done
Writing superblocks and filesystem accounting information: done
```

挂载并验证：

```
[root@ localhost ~]# mount /dev/md0 /mnt/
[root@ localhost ~]# df -h
Filesystem                    Size  Used  Avail  Use%  Mounted on
/dev/mapper/centos-root        19G  1.1G    18G    6%  /
devtmpfs                      1.1G     0   1.1G    0%  /dev
tmpfs                         1.1G     0   1.1G    0%  /dev/shm
tmpfs                         1.1G  8.9M   1.1G    1%  /run
tmpfs                         1.1G     0   1.1G    0%  /sys/fs/cgroup
/dev/sda1                     1.1G  136M   928M   13%  /boot
tmpfs                         208M     0   208M    0%  /run/user/0
/dev/md0                       21G   47M    20G    1%  /mnt
```

4）创建 RAID 10 设备。这里使用 4 个分区——/dev/sdb[1-4]创建设备。

停止已经创建的 RAID，并移除设备：

```
[root@ localhost ~]# umount /mnt/
[root@ localhost ~]# mdadm --stop /dev/md0
mdadm: stopped /dev/md0
[root@ localhost ~]# mdadm --misc --zero-superblock /dev/sdb1
[root@ localhost ~]# mdadm --misc --zero-superblock /dev/sdb2
[root@ localhost ~]# mdadm --misc --zero-superblock /dev/sdb3
[root@ localhost ~]# cat /proc/mdstat
Personalities : [RAID0] [RAID1] [RAID6] [RAID5] [RAID4]
unused devices: <none>
```

创建 RAID 10：

```
[root@ localhost ~]#  mdadm -Cv /dev/md0 -l10 -n4 /dev/sdb[1-4]
mdadm: layout defaults to n2
mdadm: layout defaults to n2
mdadm: chunk size defaults to 512K
mdadm: /dev/sdb1 appears to contain an ext2fs file system
       size=10485760K   mtime=Sat Oct  1 21:50:38 2022
mdadm: size set to 10476544K
Continue creating array? yes
mdadm: Defaulting to version 1.2 metadata
mdadm: array /dev/md0 started.
```

查看 RAID 构建进度：

```
[root@ localhost ~]# cat /proc/mdstat
```

```
Personalities : [raid0] [raid1] [raid6] [raid5] [raid4] [raid10]
md0 : active raid10 sdb4[3] sdb3[2] sdb2[1] sdb1[0]
      20953088 blocks super 1.2 512K chunks 2 near-copies [4/4] [UUUU]
      [===>.................]  resync = 15.5% (3262528/20953088) finish=1.4min speed=203908K/sec

unused devices: <none>

[root@ localhost ~]# cat /proc/mdstat
Personalities : [raid0] [raid1] [raid6] [raid5] [raid4] [raid10]
md0 : active raid10 sdb4[3] sdb3[2] sdb2[1] sdb1[0]
      20953088 blocks super 1.2 512K chunks 2 near-copies [4/4] [UUUU]

unused devices: <none>
```

这样 RAID 10 就创建完成了，RAID 10 的使用方法和前面的 RAID 5 类似，此处不再赘述。接下来讲解 RAID 的运维操作。

5）RAID 5 的运维操作。

首先创建一个 RAID 5，添加一个热备盘：

```
[root@ localhost ~]# mdadm -Cv /dev/md0 -l5 -n3 /dev/sdb[1-3] --spare-devices=1 /dev/sdb4
mdadm: layout defaults to left-symmetric
mdadm: layout defaults to left-symmetric
mdadm: chunk size defaults to 512K
mdadm: /dev/sdb1 appears to contain an ext2fs file system
       size=10485760K  mtime=Sat Oct  1 21:50:38 2022
mdadm: size set to 10476544K
Continue creating array? yes
mdadm: Defaulting to version 1.2 metadata
mdadm: array /dev/md0 started.
```

查看构建进度：

```
[root@ localhost ~]# cat /proc/mdstat
Personalities : [raid0] [raid1] [raid6] [raid5] [raid4] [raid10]
md0 : active raid5 sdb3[4] sdb4[3](S) sdb2[1] sdb1[0]
      20953088 blocks super 1.2 level 5, 512k chunk, algorithm 2 [3/2] [UU_]
      [=====>...............]  recovery = 28.6% (3001856/10476544) finish=0.6min speed=200123K/sec
```

```
unused devices: <none>

[root@ localhost ~]# cat /proc/mdstat
Personalities : [raid0] [raid1] [raid6] [raid5] [raid4] [raid10]
md0 : active raid5 sdb3[4] sdb4[3](S) sdb2[1] sdb1[0]
      20953088 blocks super 1.2 level 5, 512k chunk, algorithm 2 [3/3] [UUU]

unused devices: <none>
```

构建完成后，查看 RAID 的详细信息：

```
[root@ localhost ~]# mdadm -D /dev/md0
/dev/md0:
           Version : 1.2
     Creation Time : Sat Oct  1 22:23:59 2022
        Raid Level : raid5
        Array Size : 20953088 (19.98 GiB 21.46 GB)
     Used Dev Size : 10476544 (9.99 GiB 10.73 GB)
      Raid Devices : 3
     Total Devices : 4
       Persistence : Superblock is persistent

       Update Time : Sat Oct  1 22:24:52 2022
             State : clean
    Active Devices : 3
   Working Devices : 4
    Failed Devices : 0
     Spare Devices : 1

            Layout : left-symmetric
        Chunk Size : 512K

Consistency Policy : resync

              Name : localhost.localdomain:0  (local to host localhost.localdomain)
              UUID : f2b15b47:be06cee1:3e99bc64:237cd82d
            Events : 18
```

```
    Number   Major   Minor   Raid   Device State
       0       8       17      0      active sync   /dev/sdb1
       1       8       18      1      active sync   /dev/sdb2
       4       8       19      2      active sync   /dev/sdb3

       3       8       20      -      spare   /dev/sdb4
```

可以看到除了3个active的设备，还有一个热备盘/dev/sdb4。

下一步，模拟硬盘故障：

```
[root@localhost ~]# mdadm -f /dev/md0 /dev/sdb1
mdadm: set /dev/sdb1 faulty in /dev/md0
```

再查看RAID的构建信息：

```
[root@localhost ~]# cat /proc/mdstat
Personalities : [raid0] [raid1] [raid6] [raid5] [raid4] [raid10]
md0 : active raid5 sdb3[4] sdb4[3] sdb2[1] sdb1[0](F)
      20953088 blocks super 1.2 level 5, 512k chunk, algorithm 2 [3/3] [UUU]

unused devices: <none>
```

发现正在重建RAID，再查看RAID的详细信息：

```
[root@localhost ~]# mdadm -D /dev/md0
/dev/md0:
           Version : 1.2
     Creation Time : Sat Oct  1 22:23:59 2022
        Raid Level : raid5
        Array Size : 20953088 (19.98 GiB 21.46 GB)
     Used Dev Size : 10476544 (9.99 GiB 10.73 GB)
      Raid Devices : 3
     Total Devices : 4
       Persistence : Superblock is persistent

       Update Time : Sat Oct  1 22:30:50 2022
             State : clean
    Active Devices : 3
   Working Devices : 3
    Failed Devices : 1
```

```
    Spare Devices : 0

            Layout : left-symmetric
        Chunk Size : 512K

Consistency Policy : resync

              Name : localhost.localdomain:0  (local to host localhost.localdomain)
              UUID : f2b15b47:be06cee1:3e99bc64:237cd82d
            Events : 37

    Number   Major   Minor   Raid   Device State
       3       8       20      0     active sync   /dev/sdb4
       1       8       18      1     active sync   /dev/sdb2
       4       8       19      2     active sync   /dev/sdb3

       0       8       17      -     faulty        /dev/sdb1
```

从以上结果可以看出原来的热备盘/dev/sdb4 正在参与 RAID 5 的重建，而原来的/dev/sdb1 变成了坏盘。再查看 RAID 构建的信息：

```
[root@localhost ~]# cat /proc/mdstat
Personalities : [raid0] [raid1] [raid6] [raid5] [raid4] [raid10]
md0 : active raid5 sdb3[4] sdb4[3] sdb2[1] sdb1[0](F)
      20953088 blocks super 1.2 level 5, 512k chunk, algorithm 2 [3/3] [UUU]

unused devices: <none>
```

这时，RAID 已经构建完毕，完成后再次查看 RAID 的详细信息：

```
[root@localhost ~]# mdadm -D /dev/md0
/dev/md0:
           Version : 1.2
     Creation Time : Sat Oct  1 22:23:59 2022
        Raid Level : raid5
        Array Size : 20953088 (19.98 GiB 21.46 GB)
     Used Dev Size : 10476544 (9.99 GiB 10.73 GB)
      Raid Devices : 3
     Total Devices : 4
```

```
        Persistence : Superblock is persistent

        Update Time : Sat Oct  1 22:30:50 2022
              State : clean
     Active Devices : 3
    Working Devices : 3
     Failed Devices : 1
      Spare Devices : 0

             Layout : left-symmetric
         Chunk Size : 512K

 Consistency Policy : resync

               Name : localhost.localdomain:0  (local to host localhost.localdomain)
               UUID : f2b15b47:be06cee1:3e99bc64:237cd82d
             Events : 37

    Number   Major   Minor   Raid    Device State
       3       8       20      0     active sync   /dev/sdb4
       1       8       18      1     active sync   /dev/sdb2
       4       8       19      2     active sync   /dev/sdb3

       0       8       17      -     faulty        /dev/sdb1 #故障盘
```

热移除故障盘：

```
[root@ localhost ~]# mdadm -r /dev/md0 /dev/sdb1
mdadm: hot removed /dev/sdb1 from /dev/md0
```

查看 RAID 的详细信息：

```
[root@ localhost ~]# mdadm -D /dev/md0
/dev/md0:
            Version : 1.2
      Creation Time : Sat Oct  1 22:23:59 2022
         Raid Level : raid5
         Array Size : 20953088 (19.98 GiB 21.46 GB)
      Used Dev Size : 10476544 (9.99 GiB 10.73 GB)
       Raid Devices : 3
```

```
     Total Devices : 3
       Persistence : Superblock is persistent

       Update Time : Sat Oct  1 22:33:18 2022
             State : clean
    Active Devices : 3
   Working Devices : 3
    Failed Devices : 0
     Spare Devices : 0

            Layout : left-symmetric
        Chunk Size : 512K

Consistency Policy : resync

              Name : localhost.localdomain:0  (local to host localhost.localdomain)
              UUID : f2b15b47:be06cee1:3e99bc64:237cd82d
            Events : 38

    Number   Major   Minor   Raid   Device State
       3       8       20      0      active sync   /dev/sdb4
       1       8       18      1      active sync   /dev/sdb2
       4       8       19      2      active sync   /dev/sdb3
```

格式化 RAID 并进行挂载：

```
[root@localhost ~]# mkfs.ext4 /dev/md0
mke2fs 1.42.9 (28-Dec-2013)
Filesystem label=
OS type: Linux
Block size=4096 (log=2)
Fragment size=4096 (log=2)
Stride=128 blocks, Stripe width=256 blocks
1310720 inodes, 5238272 blocks
261913 blocks (5.00%) reserved for the super user
First data block=0
Maximum filesystem blocks=2153775104
```

```
160 block groups
32768 blocks per group, 32768 fragments per group
8192 inodes per group
Superblock backups stored on blocks:
32768, 98304, 163840, 229376, 294912, 819200, 884736, 1605632, 2654208,
4096000

Allocating group tables: done
Writing inode tables: done
Creating journal (32768 blocks): done
Writing superblocks and filesystem accounting information: done

[root@localhost ~]# mount /dev/md0 /mnt/
[root@localhost ~]# df -h
Filesystem                Size  Used  Avail  Use%  Mounted on
/dev/mapper/centos-root    17G  1.0G   16G    6%   /
devtmpfs                 980M     0  980M    0%   /dev
tmpfs                    992M     0  992M    0%   /dev/shm
tmpfs                    992M  8.5M  983M    1%   /run
tmpfs                    992M     0  992M    0%   /sys/fs/cgroup
/dev/sda1               1014M  130M  885M   13%   /boot
tmpfs                    199M     0  199M    0%   /run/user/0
/dev/md0                  20G   45M   19G    1%   /mnt
```

可以正常使用这个设备。

实训文档　任务1.2

项目实训

【实训题目】

本实训使用3个分区创建1个RAID 5并挂载使用，模拟坏盘并进行替换。

【实训目的】

1. 掌握RAID的构建、挂载和使用方法。
2. 掌握RAID的基础运维方法。

【实训内容】

1. 使用fdisk分区工具对1个硬盘进行分区，分出3个10 GB的分区。
2. 使用这3个分区构建RAID 5，并进行格式化和挂载。
3. 模拟坏盘，并使用一个新的分区替换原来的坏盘。

任务 1.3　管理 LVM 逻辑卷

管理 LVM 逻辑卷

PPT

微课　管理 LVM 逻辑卷

任务描述

1. 了解 LVM 逻辑卷，了解卷的操作和管理方法。
2. 掌握逻辑卷的构建、操作和使用方法。

知识学习

1. LVM 逻辑卷的定义

LVM（Logical Volume Manager）是 Linux 环境中对磁盘分区进行管理的一种机制，是建立在硬盘和分区之上的一个逻辑层，用来提高磁盘分区管理的灵活性。

逻辑设备分为以下四种。

- 物理卷（Pysical Volume，PV）：即物理磁盘，类似于/dev/sda2、/dev/sdb1 等，由 PE（Physical Extends）物理磁盘块组成。多个 PV 可以组合起来形成一个卷组。
- 卷组（Voume Group，VG）：由多个物理卷组成的一个组，不能直接使用，要想使用组合后的空间，则需要创建逻辑卷。VG 大小取决于物理卷，VG 可以划分为多个逻辑卷（可以动态伸缩）。
- 逻辑卷（Logical Volume）：可以使用卷组所有可用空间，本身有两种边界：一种是物理边界，另一种是逻辑边界；每个逻辑卷也可以是文件系统或者独立的分区。对卷创建快照实际上是对逻辑卷创建快照，快照卷与它的逻辑卷在同一个卷组中。
- 快照：可以理解成访问同一个文件的另一条途径，数据停留在过去的某一个时刻，用于数据备份。

2. 相关命令

（1）物理卷命令

物理卷命令包含 pvcreate（创建 PV）、pvs（查看 PV 信息）、pvdisplay（查看 PV 详细信息）、pvmove（将 PV 数据转移至其他 PV）、pvremove（删除 PV）和 pvscan（扫描 PV），其主要命令说明及示例如下。

- pvcreate：创建 PV，如 pvcreate /dev/sdb1。
- pvs：查看 PV，如 pvs /dev/sdb1。
- pvdisplay：查看 PV 详细信息，如 pvdisplay /dev/sdb1。
- pvmove：将 PV 上的数据移动到其他 PV，如 pvmove /path/to/pv。

（2）卷组命令

卷组命令包含 vgcreate（创建 VG）、vgremove（删除 VG）、vgextend（扩展 VG）、vgreduce（缩减 VG）、vgs（查看 VG 信息）、vgdisplay（查看 VG 详细信息）和 vgscan（扫描 VG），其主要命令说明及示例如下。

- -s：指定 PE。
- vgcreate myvg /dev/sdb{n,n}：创建 VG。
- vgdisplay myvg：只查看 myvg 卷组。
- vgremove myvg：删除 myvg 卷组（删除一个 VG）。
- vgreduce VG_NAME /path/to/pv：缩减 VG，也就意味着可以将 PV 缩减（一定要先将 PV 上的数据移除）。
- pvmove /dev/sdb1：将 sdb1 上面的数据移除。
- vgreduce myvg /dev/sdb1：从 myvg 中移除/dev/sdb1。
- pvremove /dev/sdb1：删除/dev/sdb1。
- vgextend myvg /dev/sdb2：扩展 myvg 卷组（扩展 VG）。

（3）逻辑卷命令

逻辑卷命令包含 lvcreate（创建 LV）、lvremove（删除 LV）、lvextend（扩展 LV）、lvreduce（缩减 LV）、lvs（查看 LV 信息）、lvdisplay（查看 LV 详细信息）和 lvscan（扫描 LV），其主要命令说明及示例如下。

- lvcreate -L +G：指定空间大小。
- -n LV_NAME：显示 LV 名称。
- lvdisplay：显示所有 LV，如 lvdisplay dev/myvg/testlv。

注意：由于这些命令的使用方法相似，这里就不再一一列举了。

（4）逻辑卷扩展与缩减要求

1）扩展要求：扩展之前先检查文件系统；逻辑卷边界是紧靠物理卷边界创建的；应先扩展物理卷边界，再扩展逻辑卷边界。

2）缩减逻辑卷要求：不能在线缩减，需要先卸载；确保缩减后的空间依然能存储原有的数据；在缩减之前应该强行检查文件，以确保文件系统能正常使用。

3. LVM 逻辑卷和分区、文件系统的关系

LVM 逻辑卷是建立在磁盘分区上的对分区的一种管理方法。首先把磁盘分区创建为物理卷，然后将物理卷组成卷组，最后在卷组中创建出 LVM 逻辑卷。在 LVM 逻辑卷的基础上又可以格式化文件系统，然后挂载使用。LVM 逻辑卷与分区、文件系统的结构关系如图 1-31 所示。

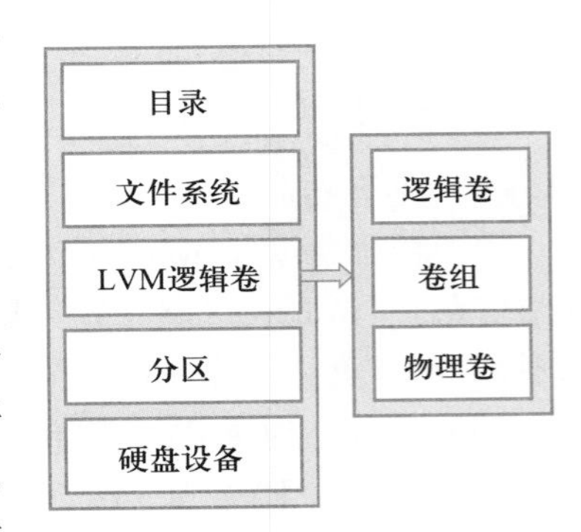

图 1-31　LVM 逻辑卷与分区、文件系统的结构关系

任务实施

本任务主要实现逻辑卷操作实例。

1）搭建实验环境。

系统：基础系统为 CentOS 7.9，添加一块 50 GB 的新硬盘。

2）创建分区。

在/dev/sdb 硬盘上创建两个主分区，大小都为 5 GB。

删除/dev/sdb 上所有的分区：

```
[root@ localhost ~]#fdisk /dev/sdb
Welcome tofdisk (util-linux 2.23.2).

Changes will remain in memory only, until you decide to write them.
Be careful before using the write command.


Command (m for help): d
Partition number (1-4, default 4):
Partition 4 is deleted

Command (m for help): d
Partition number (1-3, default 3):
Partition 3 is deleted

Command (m for help): d
Partition number (1,2, default 2):
Partition 2 is deleted

Command (m for help): d
Selected partition 1
Partition 1 is deleted

Command (m for help): p

Disk /dev/sdb: 53.7 GB, 53687091200 bytes, 104857600 sectors
Units = sectors of 1 * 512 = 512 bytes
Sector size (logical/physical): 512 bytes / 512 bytes
I/O size (minimum/optimal): 512 bytes / 512 bytes
```

```
Disk label type: dos
Disk identifier: 0x60450d70

   Device Boot      Start         End      Blocks   Id  System

Command (m for help): w
The partition table has been altered!

Calling ioctl() to re-read partition table.
Syncing disks.
```

在删除分区时，选择需要删除的分区即可。这里将创建的4个分区全部删除，选中分区直接按Enter键即可。删除完分区后，使用lsblk命令查看：

```
[root@localhost ~]# lsblk
NAME              MAJ:MIN  RM  SIZE  RO  TYPE  MOUNTPOINT
sda                 8:0    0   20G   0   disk
├─sda1              8:1    0   1G    0   part  /boot
└─sda2              8:2    0   19G   0   part
  ├─centos-root   253:0    0   17G   0   lvm   /
  └─centos-swap   253:1    0   2G    0   lvm   [SWAP]
sdb                 8:16   0   50G   0   disk
```

3）新建分区。

删除分区后格式化sdb磁盘：

```
[root@localhost ~]#fdisk /dev/sdb
Welcome to fdisk (util-linux 2.23.2).

Changes will remain in memory only, until you decide to write them.
Be careful before using the write command.


Command (m for help): n
Partition type:
   p   primary (0 primary, 0 extended, 4 free)
   e   extended
Select (default p):
Using default response p
Partition number (1-4, default 1):
```

```
First sector (2048-104857599, default 2048):
Using default value 2048
Last sector, +sectors or +size{K,M,G} (2048-104857599, default 104857599):
+5G
Partition 1 of type Linux and of size 5 GiB is set

Command (m for help): n
Partition type:
   p   primary (1 primary, 0 extended, 3 free)
   e   extended
Select (default p):
Using default response p
Partition number (2-4, default 2):
First sector (10487808-104857599, default 10487808):
Using default value 10487808
Last sector, +sectors or +size{K,M,G} (10487808-104857599, default
104857599): +5G
Partition 2 of type Linux and of size 5 GiB is set

Command (m for help): p

Disk /dev/sdb: 53.7 GB, 53687091200 bytes, 104857600 sectors
Units = sectors of 1 * 512 = 512 bytes
Sector size (logical/physical): 512 bytes / 512 bytes
I/O size (minimum/optimal): 512 bytes / 512 bytes
Disk label type: dos
Disk identifier: 0x60450d70

   Device Boot      Start         End      Blocks   Id  System
/dev/sdb1            2048    10487807     5242880   83  Linux
/dev/sdb2        10487808    20973567     5242880   83  Linux

Command (m for help): w
The partition table has been altered!

Calling ioctl() to re-read partition table.
Syncing disks.
```

完成后用 lsblk 命令查看：

```
[root@localhost ~]# lsblk
NAME              MAJ:MIN  RM   SIZE  RO  TYPE  MOUNTPOINT
sda                 8:0     0    20G   0  disk
├─sda1              8:1     0     1G   0  part  /boot
└─sda2              8:2     0    19G   0  part
  ├─centos-root   253:0     0    17G   0  lvm   /
  └─centos-swap   253:1     0     2G   0  lvm   [SWAP]
sdb                 8:16    0    50G   0  disk
├─sdb1              8:17    0     5G   0  part
└─sdb2              8:18    0     5G   0  part
```

创建的两个主分区为/dev/sdb1 和/dev/sdb2，大小都是 5 GB。

4）让内核重新读取分区并查看：

```
[root@localhost ~]# partx /dev/sdb
NR    START       END     SECTORS  SIZE NAME UUID
 1     2048  10487807    10485760    5G
 2 10487808  20973567    10485760    5G
```

5）创建物理卷组。

创建 PV：

```
[root@localhost ~]# pvcreate /dev/sdb1 /dev/sdb2
  Physical volume "/dev/sdb1" successfully created.
  Physical volume "/dev/sdb2" successfully created.
```

查看创建的 PV：

```
[root@localhost ~]# pvs
PV          VG      Fmt   Attr   PSize   PFree
/dev/sda2   centos  lvm2  a--   <19.00g      0
/dev/sdb1           lvm2  ---     5.00g  5.00g
/dev/sdb2           lvm2  ---     5.00g  5.00g
```

查看 PV 的详细信息：

```
[root@localhost ~]# pvdisplay
  --- Physical volume ---
  PV Name               /dev/sda2
  VG Name               centos
  PV Size               <19.00 GiB / not usable 3.00 MiB
  Allocatable           yes (but full)
```

```
  PE Size               4.00 MiB
  Total PE              4863
  Free PE               0
  Allocated PE          4863
  PV UUID               kbgrCc-FlqZ-f9BV-Q6ne-peaa-7Dt4-rxtQaX

  "/dev/sdb2" is a new physical volume of "5.00 GiB"
  --- NEW Physical volume ---
  PV Name               /dev/sdb2
  VG Name
  PV Size               5.00 GiB
  Allocatable           NO
  PE Size               0
  Total PE              0
  Free PE               0
  Allocated PE          0
  PV UUID               b00UGY-7ln2-0vVY-cNA9-hG7i-oqnJ-euG8Y3

  "/dev/sdb1" is a new physical volume of "5.00 GiB"
  --- NEW Physical volume ---
  PV Name               /dev/sdb1
  VG Name
  PV Size               5.00 GiB
  Allocatable           NO
  PE Size               0
  Total PE              0
  Free PE               0
  Allocated PE          0
  PV UUID               5D4TdS-s73a-B5cF-UrBq-aVSY-nctV-Zgdq6T
```

扫描 PV：

```
[root@localhost ~]# pvscan
  PV /dev/sda2   VG centos          lvm2 [<19.00 GiB / 0    free]
  PV /dev/sdb2                      lvm2 [5.00 GiB]
  PV /dev/sdb1                      lvm2 [5.00 GiB]
  Total: 3 [<29.00 GiB] / in use: 1 [<19.00 GiB] / in no VG: 2 [10.00 GiB]
```

创建名称为 myvg 的卷组：

```
[root@ localhost ~]# vgcreate myvg /dev/sdb[1-2]
  Volume group "myvg" successfully created
```

查看卷组信息：

```
[root@ localhost ~]# vgs
  VG      #PV  #LV  #SN  Attr     VSize    VFree
  centos  1    2    0    wz--n-   <19.00g  0
  myvg    2    0    0    wz--n-   9.99g    9.99g
```

查看卷组的详细信息：

```
[root@ localhost ~]# vgdisplay
  --- Volume group ---
  VG Name               myvg
  System ID
  Format                lvm2
  Metadata Areas        2
  Metadata Sequence No  1
  VG Access             read/write
  VG Status             resizable
  MAX LV                0
  Cur LV                0
  Open LV               0
  Max PV                0
  Cur PV                2
  Act PV                2
  VG Size               9.99 GiB
  PE Size               4.00 MiB
  Total PE              2558
  Alloc PE / Size       0 / 0
  Free  PE / Size       2558 / 9.99 GiB
  VG UUID               DB3qhg-KuZy-RVlW-Mf0b-Hxaq-yP6S-ISakUd

  --- Volume group ---
  VG Name               centos
  System ID
  Format                lvm2
  Metadata Areas        1
```

```
  Metadata Sequence No     3
  VG Access                read/write
  VG Status                resizable
  MAX LV                   0
  Cur LV                   2
  Open LV                  2
  Max PV                   0
  Cur PV                   1
  Act PV                   1
  VG Size                  <19.00 GiB
  PE Size                  4.00 MiB
  Total PE                 4863
  Alloc PE / Size          4863 / <19.00 GiB
  Free  PE / Size          0 / 0
  VG UUID                  e8ygcg-doIM-m1di-SU8G-XQxV-dq7D-YOmpNp
```

6）删除卷组。

从结果中可以看出 PE Size（物理区块大小）是 4 MB，现在删除该卷组，并重新创建一个，指定 PE 的大小为 16 MB。

删除 myvg：

```
[root@localhost ~]# vgremove myvg
  Volume group "myvg" successfully removed
```

创建 VG 并指定 PE 大小：

```
[root@localhost ~]# vgcreate -s 16m myvg /dev/sdb[1-2]
  Volume group "myvg" successfully created
```

查看卷组详细信息：

```
[root@localhost ~]# vgdisplay
  --- Volume group ---
  VG Name                  myvg
  System ID
  Format                   lvm2
  Metadata Areas           2
  Metadata Sequence No     1
  VG Access                read/write
  VG Status                resizable
  MAX LV                   0
```

```
Cur LV                    0
Open LV                   0
Max PV                    0
Cur PV                    2
Act PV                    2
VG Size                   <9.97 GiB
PE Size                   16.00 MiB
Total PE                  638
Alloc PE / Size           0 / 0
Free  PE / Size           638 / <9.97 GiB
VG UUID                   SYPxPs-Zi6e-qmyp-eIAV-kPMq-lHL0-IqEJ35

--- Volume group ---
VG Name                   centos
System ID
Format                    lvm2
Metadata Areas            1
Metadata Sequence No      3
VG Access                 read/write
VG Status                 resizable
MAX LV                    0
Cur LV                    2
Open LV                   2
Max PV                    0
Cur PV                    1
Act PV                    1
VG Size                   <19.00 GiB
PE Size                   4.00 MiB
Total PE                  4863
Alloc PE / Size           4863 / <19.00 GiB
Free  PE / Size           0 / 0
VG UUID                   e8ygcg-doIM-m1di-SU8G-XQxV-dq7D-YOmpNp
```

从结果中可以看出 PE Size 为 16 MB。

从卷组中删除 PV，先转移数据：

```
[root@localhost ~]# pvmove /dev/sdb1
  No data to move for myvg.
```

从 myvg 中删除/dev/vdb1：

```
[root@ localhost ~]# vgreduce myvg /dev/sdb1
  Removed "/dev/sdb1" from volume group "myvg"
```

查看 PV 信息：

```
[root@ localhost ~]# pvs
  PV         VG     Fmt  Attr PSize   PFree
  /dev/sda2  centos lvm2 a--  <19.00g     0
  /dev/sdb1         lvm2 ---    5.00g 5.00g
  /dev/sdb2  myvg   lvm2 a--    4.98g 4.98g
```

7）添加 PV。

在卷组 myvg 中添加一个 PV，在/dev/vdb 上再分出一个/dev/sdb3 分区，把该分区加到卷组 myvg 中。

```
[root@ localhost ~]# vgextend myvg /dev/sdb3
  Physical volume "/dev/sdb3" successfully created.
  Volume group "myvg" successfully extended
```

查看 PV 信息：

```
[root@ localhost ~]# pvs
  PV         VG     Fmt  Attr PSize   PFree
  /dev/sda2  centos lvm2 a--  <19.00g     0
  /dev/sdb1         lvm2 ---  5.00g   5.00g
  /dev/sdb2  myvg   lvm2 a--  4.98g   4.98g
  /dev/sdb3  myvg   lvm2 a--  4.98g   4.98g
```

至此卷组已经创建完毕，接下来需要完成逻辑卷的创建。

8）创建逻辑卷。

创建逻辑卷名称为 mylv，大小为 5 GB。

```
[root@ localhost ~]# lvcreate -L +5G -n mylv myvg
  Logical volume "mylv" created.
```

- -L：创建的逻辑卷的大小。
- -n：创建的逻辑卷的名称。

查看逻辑卷：

```
[root@ localhost ~]# lvs
  LV   VG     Attr       LSize   Pool Origin Data%  Meta%  Move Log Cpy%
Sync Convert
  root centos -wi-ao---- <17.00g
```

```
swap    centos   -wi-ao----   2.00g
mylv    myvg     -wi-a-----   5.00g
```

查看逻辑卷详细信息：

```
[root@ localhost ~]# lvdisplay
  --- Logical volume ---
  LV Path                /dev/myvg/mylv
  LV Name                mylv
  VG Name                myvg
  LV UUID                Vi6QH6-KzfM-jsVk-mE0y-JIzj-UTGU-0rZwcc
  LV Write Access        read/write
  LV Creation host, time localhost.localdomain, 2022-10-01 23:10:46 -0400
  LV Status              available
  # open                 0
  LV Size                5.00 GiB
  Current LE             320
  Segments               2
  Allocation             inherit
  Read ahead sectors     auto
  - currently set to     8192
  Block device           253:2

  --- Logical volume ---
  LV Path                /dev/centos/swap
  LV Name                swap
  VG Name                centos
  LV UUID                hmuVu1-fGFr-wGpG-dnRr-COek-J5bE-fm2yOX
  LV Write Access        read/write
  LV Creation host, time localhost, 2022-10-01 20:25:58 -0400
  LV Status              available
  # open                 2
  LV Size                2.00 GiB
  Current LE             512
  Segments               1
  Allocation             inherit
  Read ahead sectors     auto
  - currently set to     8192
```

```
  Block device              253:1

  --- Logical volume ---
  LV Path                   /dev/centos/root
  LV Name                   root
  VG Name                   centos
  LV UUID                   b4QSKE-o5QY-TaPY-jCHp-jt5k-gHMF-2qnfC4
  LV Write Access           read/write
  LV Creation host, time localhost, 2022-10-01 20:25:58 -0400
  LV Status                 available
  # open                    1
  LV Size                   <17.00 GiB
  Current LE                4351
  Segments                  1
  Allocation                inherit
  Read ahead sectors        auto
  - currently set to        8192
  Block device              253:0
```

扫描上一步创建的逻辑卷：

```
[root@localhost ~]# lvscan
  ACTIVE            '/dev/myvg/mylv' [5.00 GiB] inherit
  ACTIVE            '/dev/centos/swap' [2.00 GiB] inherit
  ACTIVE            '/dev/centos/root' [<17.00 GiB] inherit
```

这里可以使用 fdisk -l 命令来查看创建的卷设备：

```
[root@localhost ~]#fdisk -l

Disk /dev/sda: 21.5 GB, 21474836480 bytes, 41943040 sectors
Units = sectors of 1 * 512 = 512 bytes
Sector size (logical/physical): 512 bytes / 512 bytes
I/O size (minimum/optimal): 512 bytes / 512 bytes
Disk label type: dos
Disk identifier: 0x000a2208

   Device Boot      Start         End      Blocks   Id  System
/dev/sda1   *        2048     2099199     1048576   83  Linux
```

```
/dev/sda2    2099200    41943039    19921920    8e    Linux LVM

Disk /dev/sdb: 53.7 GB, 53687091200 bytes, 104857600 sectors
Units = sectors of 1 * 512 = 512 bytes
Sector size (logical/physical): 512 bytes / 512 bytes
I/O size (minimum/optimal): 512 bytes / 512 bytes
Disk label type: dos
Disk identifier: 0x60450d70

   Device Boot      Start         End      Blocks   Id  System
/dev/sdb1            2048    10487807     5242880   83  Linux
/dev/sdb2        10487808    20973567     5242880   83  Linux
/dev/sdb3        20973568    31459327     5242880   83  Linux

Disk /dev/mapper/centos-root: 18.2 GB, 18249416704 bytes, 35643392 sectors
Units = sectors of 1 * 512 = 512 bytes
Sector size (logical/physical): 512 bytes / 512 bytes
I/O size (minimum/optimal): 512 bytes / 512 bytes


Disk /dev/mapper/centos-swap: 2147 MB, 2147483648 bytes, 4194304 sectors
Units = sectors of 1 * 512 = 512 bytes
Sector size (logical/physical): 512 bytes / 512 bytes
I/O size (minimum/optimal): 512 bytes / 512 bytes


Disk /dev/mapper/myvg-mylv: 5368 MB, 5368709120 bytes, 10485760 sectors
Units = sectors of 1 * 512 = 512 bytes
Sector size (logical/physical): 512 bytes / 512 bytes
I/O size (minimum/optimal): 512 bytes / 512 bytes
```

9）格式化卷组。

格式化逻辑卷 mylv：

```
[root@localhost ~]# mkfs.ext4 /dev/mapper/myvg-mylv
mke2fs 1.42.9 (28-Dec-2013)
Filesystem label=
OS type: Linux
```

```
Block size=4096 (log=2)
Fragment size=4096 (log=2)
Stride=0 blocks, Stripe width=0 blocks
327680 inodes, 1310720 blocks
65536 blocks (5.00%) reserved for the super user
First data block=0
Maximum filesystem blocks=1342177280
40 block groups
32768 blocks per group, 32768 fragments per group
8192 inodes per group
Superblock backups stored on blocks:
    32768, 98304, 163840, 229376, 294912, 819200, 884736

Allocating group tables: done
Writing inode tables: done
Creating journal (32768 blocks): done
Writing superblocks and filesystem accounting information: done
```

把逻辑卷 mylv 挂载到/mnt 下并进行验证：

```
[root@ localhost ~]# mount /dev/mapper/myvg-mylv /mnt/
[root@ localhost ~]# df -h
Filesystem                Size   Used  Avail  Use%  Mounted on
/dev/mapper/centos-root    17G   1.0G   16G    6%   /
devtmpfs                  980M      0  980M    0%   /dev
tmpfs                     992M      0  992M    0%   /dev/shm
tmpfs                     992M   8.5M  983M    1%   /run
tmpfs                     992M      0  992M    0%   /sys/fs/cgroup
/dev/sda1                1014M   130M  885M   13%   /boot
tmpfs                     199M      0  199M    0%   /run/user/0
/dev/mapper/myvg-mylv     4.8G    20M  4.6G    1%   /mnt
```

10）卷组扩容。

接下来将创建的 LVM 逻辑卷扩容 1 GB：

```
[root@ localhost ~]# lvextend -L +1G /dev/myvg/mylv
  Size of logical volume myvg/mylv changed from 5.00 GiB (320 extents) to 6.00 GiB
(384 extents).
  Logical volume myvg/mylv successfully resized.
```

```
[root@localhost ~]# lvs
  LV    VG      Attr        LSize    Pool Origin Data%  Meta%  Move Log Cpy%Sync Convert
  root  centos  -wi-ao----  <17.00g
  swap  centos  -wi-ao----    2.00g
  mylv  myvg    -wi-ao----    6.00g
[root@localhost ~]# df -h
Filesystem               Size  Used Avail Use% Mounted on
/dev/mapper/centos-root   17G  1.1G   16G   6% /
devtmpfs                 980M     0  980M   0% /dev
tmpfs                    992M     0  992M   0% /dev/shm
tmpfs                    992M  8.5M  983M   1% /run
tmpfs                    992M     0  992M   0% /sys/fs/cgroup
/dev/sda1               1014M  130M  885M  13% /boot
tmpfs                    199M     0  199M   0% /run/user/0
/dev/mapper/myvg-mylv    4.8G   20M  4.6G   1% /mnt
```

从结果中可以看出LVM逻辑卷的大小变成了6 GB，但是挂载信息没有发生变化，这时系统还未识别添加进来的文件系统，所以还需要对文件系统进行扩容：

```
[root@localhost ~]# resize2fs /dev/mapper/myvg-mylv
resize2fs 1.42.9 (28-Dec-2013)
Filesystem at /dev/mapper/myvg-mylv is mounted on /mnt; on-line resizing required
old_desc_blocks = 1, new_desc_blocks = 1
The filesystem on /dev/mapper/myvg-mylv is now 1572864 blocks long. [root@localhost ~]# df -h
Filesystem               Size  Used Avail Use% Mounted on
/dev/mapper/centos-root   17G  1.0G   16G   6% /
devtmpfs                 980M     0  980M   0% /dev
tmpfs                    992M     0  992M   0% /dev/shm
tmpfs                    992M  8.5M  983M   1% /run
tmpfs                    992M     0  992M   0% /sys/fs/cgroup
/dev/sda1               1014M  130M  885M  13% /boot
tmpfs                    199M     0  199M   0% /run/user/0
/dev/mapper/myvg-mylv    5.8G   20M  5.5G   1% /mnt
```

操作完成后看到实际的容量变成了6 GB。如果需要创建一个11 GB的逻辑卷，而当前的卷组只有10 GB，不够创建这么大的逻辑卷，因此需要先对卷组进行扩容：

```
[root@ localhost ~]# vgextend myvg /dev/sdb1
  Volume group "myvg" successfully extended
```

查看 PV 信息和卷组信息：

```
[root@ localhost ~]# vgs
  VG      #PV  #LV  #SN  Attr     VSize    VFree
  centos    1    2    0  wz--n-  <19. 00g      0
  myvg      3    1    0  wz--n-   14. 95g  8. 95g
[root@ localhost ~]# pvs
  PV          VG      Fmt   Attr  PSize     PFree
  /dev/sda2   centos  lvm2  a--   <19. 00g       0
  /dev/sdb1   myvg    lvm2  a--     4. 98g   4. 98g
  /dev/sdb2   myvg    lvm2  a--     4. 98g       0
  /dev/sdb3   myvg    lvm2  a--     4. 98g  <3. 97g
```

接下来对逻辑卷进行扩容：

```
[root@ localhost ~]# lvextend -L +5G /dev/myvg/mylv
  Size of logical volume myvg/mylv changed from 6. 00 GiB (384 extents) to 11. 00 GiB
(704 extents).
  Logical volume myvg/mylv successfully resized.
[root@ localhost ~]# lvs
  LV    VG      Attr        LSize    Pool Origin Data%  Meta%  Move Log Cpy%
Sync Convert
  root centos -wi-ao---- <17. 00g
  swap centos -wi-ao----   2. 00g
  mylv myvg   -wi-ao----  11. 00g
[root@ localhost ~]# df -h
Filesystem                 Size  Used  Avail  Use%  Mounted on
/dev/mapper/centos-root     17G  1. 1G   16G    6%  /
devtmpfs                  980M     0  980M    0%  /dev
tmpfs                     992M     0  992M    0%  /dev/shm
tmpfs                     992M  8. 5M  983M    1%  /run
tmpfs                     992M     0  992M    0%  /sys/fs/cgroup
/dev/sda1                1014M  130M  885M   13%  /boot
tmpfs                     199M     0  199M    0%  /run/user/0
/dev/mapper/myvg-mylv     5. 8G   20M  5. 5G    1%  /mnt
```

再对文件系统进行扩容：

```
[root@localhost ~]# resize2fs /dev/mapper/myvg-mylv
resize2fs 1.42.9 (28-Dec-2013)
Filesystem at /dev/mapper/myvg-mylv is mounted on /mnt; on-line resizing required
old_desc_blocks = 1, new_desc_blocks = 2
The filesystem on /dev/mapper/myvg-mylv is now 2883584 blocks long. [root@localhost ~]# df -h
Filesystem                Size  Used Avail Use% Mounted on
/dev/mapper/centos-root    17G  1.1G   16G   6% /
devtmpfs                  980M     0  980M   0% /dev
tmpfs                     992M     0  992M   0% /dev/shm
tmpfs                     992M  8.5M  983M   1% /run
tmpfs                     992M     0  992M   0% /sys/fs/cgroup
/dev/sda1                1014M  130M  885M  13% /boot
tmpfs                     199M     0  199M   0% /run/user/0
/dev/mapper/myvg-mylv      11G   25M   11G   1% /mnt
```

从结果中可以看出成功地将逻辑卷扩容到 11 GB。

11）卷组缩减。

完成卷的扩容后，再次尝试将逻辑卷缩减 3 GB。使用 lvreduce 命令收缩逻辑卷的大小，该操作有可能会删除逻辑卷上已有的数据，因此在操作前必须进行确认并备份已有的数据。首先将已经挂载的逻辑卷卸载，需要注意的是 lvreduce 不能在线操作：

```
[root@localhost ~]# umount /mnt/
[root@localhost ~]# df -h
Filesystem                Size  Used Avail Use% Mounted on
/dev/mapper/centos-root    17G  1.0G   16G   6% /
devtmpfs                  980M     0  980M   0% /dev
tmpfs                     992M     0  992M   0% /dev/shm
tmpfs                     992M  8.5M  983M   1% /run
tmpfs                     992M     0  992M   0% /sys/fs/cgroup
/dev/sda1                1014M  130M  885M  13% /boot
tmpfs                     199M     0  199M   0% /run/user/0
```

缩减逻辑卷：

```
[root@localhost ~]# lvreduce -L -3G /dev/myvg/mylv
  WARNING: Reducing active logical volume to 8.00 GiB.
  THIS MAY DESTROY YOUR DATA (filesystem etc.)
```

```
Do you really want to reduce myvg/mylv? [y/n]: y
  Size of logical volume myvg/mylv changed from 11.00 GiB (704 extents) to 8.00 GiB (512 extents).
  Logical volume myvg/mylv successfully resized.
[root@ localhost ~]# lvs
  LV   VG     Attr       LSize   Pool Origin Data%  Meta%  Move Log Cpy%Sync Convert
  root centos -wi-ao---- <17.00g
  swap centos -wi-ao----   2.00g
  mylv myvg   -wi-a-----   8.00g
```

从结果中可以看出逻辑卷的大小变为了 8 GB。

格式化并挂载逻辑卷：

```
[root@ localhost ~]# mkfs.ext4 /dev/mapper/myvg-mylv
mke2fs 1.42.9 (28-Dec-2013)
Filesystem label=
OS type: Linux
Block size=4096 (log=2)
Fragment size=4096 (log=2)
Stride=0 blocks, Stripe width=0 blocks
524288 inodes, 2097152 blocks
104857 blocks (5.00%) reserved for the super user
First data block=0
Maximum filesystem blocks=2147483648
64 block groups
32768 blocks per group, 32768 fragments per group
8192 inodes per group
Superblock backups stored on blocks:
    32768, 98304, 163840, 229376, 294912, 819200, 884736, 1605632

Allocating group tables: done
Writing inode tables: done
Creating journal (32768 blocks): done
Writing superblocks and filesystem accounting information: done

[root@ localhost ~]# mount /dev/mapper/myvg-mylv /mnt/
[root@ localhost ~]# df -h
```

```
Filesystem                Size  Used Avail Use% Mounted on
/dev/mapper/centos-root    17G  1.0G   16G   6% /
devtmpfs                  980M     0  980M   0% /dev
tmpfs                     992M     0  992M   0% /dev/shm
tmpfs                     992M  8.5M  983M   1% /run
tmpfs                     992M     0  992M   0% /sys/fs/cgroup
/dev/sda1                1014M  130M  885M  13% /boot
tmpfs                     199M     0  199M   0% /run/user/0
/dev/mapper/myvg-mylv     7.8G   36M  7.3G   1% /mnt
```

可以看到缩减逻辑卷成功。

实训文档 任务1.3

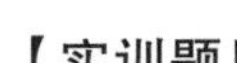

项目实训

【实训题目】

本实训使用两个10 GB的分区创建一个卷组，并在这个卷组中创建一个大小为15 GB的逻辑卷，接着将该逻辑卷挂载使用，最后将逻辑卷大小增加1 GB。

【实训目的】

1. 掌握物理卷、卷组、逻辑卷的构建方法。
2. 掌握逻辑卷的运维方法，会在线扩大或缩小逻辑卷的容量，并灵活运用。

【实训内容】

1. 使用fdisk分区工具分出两个10 GB的分区。
2. 将这两个分区创建为物理卷，并组成卷组。
3. 在卷组中创建一个大小为15 GB的逻辑卷，并进行格式化、挂载。
4. 对逻辑卷进行扩容，再对文件系统进行扩容。

单元小结

本单元主要讲解了服务器的内置存储系统，包括对硬盘的分区、格式化、挂载操作；使用分区构建RAID，并对RAID进行运维操作；使用分区构建卷组、逻辑卷，并对卷组、逻辑卷进行运维操作。这些内置存储技术是学习存储知识的基础，学好这些技术，对于后续学习NFS、CIFS以及iSCSI等存储技术都是很有帮助的。

单元 2

网络存储系统应用

学习目标

【知识目标】

- 了解网络存储技术的种类和特性。
- 了解存储虚拟化技术。
- 了解 FreeNAS 存储应用系统。
- 了解 NAS 网络存储器的原理。
- 了解基于 iSCSI 协议的 IP SAN 的工作过程。

【技能目标】

- 掌握使用 CentOS 操作系统构建 NFS 的方法。
- 掌握使用 CentOS 操作系统构建 iSCSI 的方法。
- 掌握部署 FreeNAS 存储系统的方法。
- 掌握使用 FreeNAS 存储系统搭建 NAS 存储服务的方法。
- 掌握使用 FreeNAS 存储系统搭建 iSCSI 存储服务的方法。

【素养目标】

- 培养对云存储体系结构和技术应用的相互关联理解和贯通能力，培养深度思考、深入分析能力。
- 增强实践体验，培养灵活应用知识解决云存储问题的能力，培养创新思维能力。
- 具有良好的团队协作意识和业务沟通能力。

学习情境

某公司研发部在 Linux 基本存储前期的使用过程中意识到 Linux 基本存储并不能满足公司的需求，需要在已有的设计基础上，重新设计公司的数据服务器，并采用数据集中网络存储方案进行建设，于是研发部让工程师小缪按照以下的要求进行环境规划和功能实现。

（1）实现存储环境规划

1）实现 NFS 服务配置。

2）实现 iSCSI 服务配置。

3）实现 WebDAV 服务配置。

（2）服务器功能实现

1）实现基于 CentOS 操作系统的 NFS 和 iSCSI 的网络存储服务。

2）使用 FreeNAS 系统快速构建集中式网络存储 NFS、iSCSI 和 WebDAV 服务。

任务2.1　了解网络存储技术

网络存储技术

微课　网络存储技术

任务描述

1. 了解不同网络存储技术的优缺点。
2. 使用 CentOS 操作系统构建 NFS。
3. 使用 CentOS 操作系统构建 iSCSI。

知识学习

1. 网络存储技术概述

随着主机、磁盘、网络等技术的不断发展，数据存储的方式和架构也在不停地改变，本单元主要介绍目前主流的存储架构。

外挂存储根据连接的方式可分为直连式存储（Direct-Attached Storage，DAS）和网络化存储（Fabric-Attached Storage，FAS）。网络化存储根据传输协议又分为网络接入存储（Network-Attached Storage，NAS）和存储区域网络（Storage Area Network，SAN）。

常用的存储架构（DAS、NAS、SAN）的比较如图2-1所示。

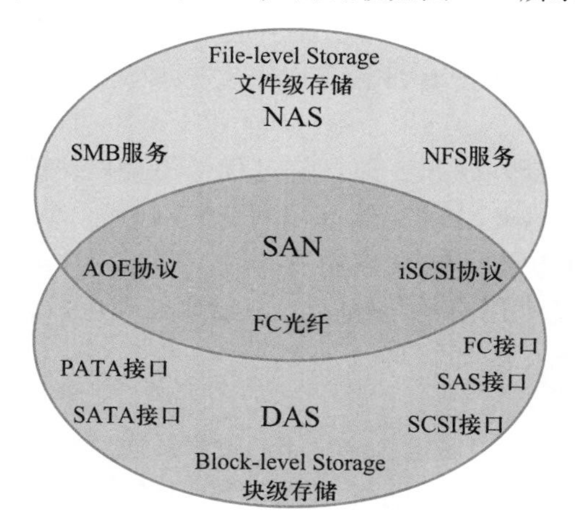

图2-1　常用的存储架构的比较

（1）DAS存储

DAS存储在人们的生活中非常常见，尤其在中小企业应用中，DAS是最主要的应用模式之一，存储系统被直连到应用的服务器中。在中小企业中，许多数据应用必须安装在直连的DAS存储器上。

DAS存储主要依赖服务器主机进行数据的I/O读写和存储维护管理。数据备份和恢复要求占用服务器主机资源（包括CPU、系统I/O等），数据流需要回流至主机，再到服务器连接着的磁带机（库）。数据备份通常需要占用服务器主机资源的 20%～30%，因此许多企业用户的日常数据备份常常在深夜或业务系统不繁忙时进行，以免影响正常业务。直连式存储的数据量越大，备份和恢复的时间就越长，对服务器硬件的依赖性和影响就越大。

直连式存储与服务器主机之间的连接通道通常采用 SCSI（Small Computer System Interface，小型计算机系统接口）连接，随着服务器 CPU 的处理能力越来越强，硬盘空间越来越大，阵列的硬盘数量越来越多，SCSI 通道将会成为 I/O 瓶颈。服务器主机的 SCSI ID 资源有限，能够建立的 SCSI 通道连接也有限。

无论直连式存储还是服务器主机的扩展，从一台服务器扩展为多台服务器组成的群集（Cluster）或存储阵列容量的扩展，都会造成业务系统的停机，从而给企业带来经济损失。诸如银行、电信、传媒等行业“7×24 小时”服务的关键业务系统，如果造成服务中断，后果是不可接受的。而且对于直连式存储或服务器主机的升级扩展，往往受原设备厂商限制，只能由原设备厂商提供服务。

（2）NAS 存储

NAS 存储也称附加存储，即存储设备通过标准的网络拓扑结构（如以太网）添加到一些计算机上。NAS 是文件级的存储方法，它的重点在于帮助工作组和部门机构迅速增加存储容量。如今的用户采用 NAS 大多用来共享文档、图片等，而且随着云计算的发展，一些 NAS 厂商也推出了云存储功能，大大方便了企业和个人用户的使用。

NAS 产品是即插即用的产品，NAS 设备一般支持多计算机平台，用户通过网络支持协议可进入相同的文档，因此 NAS 设备不用改造即可用于混合 UNIX/Windows 的局域网，其应用非常灵活。

但 NAS 存在一个关键性问题，即备份过程中消耗网络带宽。与将备份数据流从 LAN（局域网）中转移出去的存储区域网（SAN）不同，NAS 使用网络进行备份和恢复。NAS 的这个缺点体现于它将存储事务由并行 SCSI 连接转移到了网络上，即 LAN 除了处理正常用户的传输流，还必须处理包括备份操作在内的存储磁盘请求。

（3）SAN 存储

从 SAN 存储的名称上可以看出，该存储通过光纤通道交换机连接存储阵列和服务器主机，最后成为一个专用的存储网络。SAN 经过十多年的发展，已经相当成熟，已成为业界的标准（但各个厂商的光纤交换技术不完全相同，其服务器和 SAN 存储存在兼容性的问题）。

SAN 提供了一种与现有 LAN 连接的简易方法，并且通过同一物理通道支持广泛使用的 SCSI 和 IP。SAN 不受现今主流的、基于 SCSI 存储结构的布局限制。随着存储容量的爆炸性增长，SAN 允许企业独立地增加它们的存储容量。SAN 的结构允许任何服务器连接到任何存储阵列，这样不管数据放置在哪里，服务器都可直接存取所需的数据。而且，因为采用了光纤接口，SAN 具有更高的带宽。

如今的 SAN 解决方案通常会采取两种形式：光纤信道（FC SAN）和基于 iSCSI

（Internet Small Computer System Interface）的 SAN（IP SAN）。光纤信道是 SAN 解决方案中人们最熟悉的类型，但是近年来基于 iSCSI 的 SAN 解决方案开始大量出现在市场上，与光纤通道技术相比较而言，该技术具有良好的性能，而且价格低廉。

SAN 真正地综合了 DAS 和 NAS 两种存储解决方案的优势。例如，在一个很好的 SAN 解决方案中，用户可以得到一个完全冗余的存储网络，该存储网络具有很好的扩展性。确切地说，用户不仅可以得到只有 NAS 存储解决方案才能得到的几百 TB 的存储空间，而且还可以得到只能在 DAS 存储解决方案中得到的块级数据访问功能。从数据访问角度来说，用户还可以得到一个合理的访问速率，对于那些需要大量磁盘访问的操作来说，SAN 具有更好的性能。利用 SAN 解决方案，开发者还可以实现存储的集中管理，从而能够充分利用那些处于空闲状态的空间。在某些实现中，开发者甚至可以将服务器配置为没有内部存储空间的服务器，要求所有的系统都直接从 SAN（只能在光纤通道模式下实现）引导，这也是一种即插即用技术。

SAN 存在两个缺陷：成本和复杂性，特别是在光纤信道中这些缺陷尤其明显。在使用光纤信道的情况下，合理的成本是基于 iSCSI 的 SAN 解决方案的 2 倍，但是其性能却远高于 SAN 解决方案。在成本上存在差别的主要原因是 iSCSI 技术使用的是现在已经大量生产的吉比特以太网（Gigabit Ethernet，GbE 或 1 GigE，或称千兆以太网）硬件，而光纤通道技术要求价格昂贵的设备。

因为 SAN 解决方案从基本功能中剥离出存储功能，所以运行备份操作就无须考虑它们对网络总体性能的影响。SAN 解决方案也使得管理和集中控制得到了简化（特别是在全部存储设备都聚集在一起时）。光纤接口提供了 10 km 的连接长度，这使得实现物理上的分离、非数据中心的集中存储变得非常容易。

综上所述，DAS 存储一般应用在中小企业中，与计算机采用直连方式；NAS 存储通过以太网添加到计算机上；SAN 存储使用 FC（光纤）接口，提供性能更高的存储方案。

如今，随着移动计算时代的来临，将产生更多的非结构化数据，这对 NAS 和 SAN 都是一个挑战，NAS+SAN 将是未来主要的存储解决方案，也是目前比较热门的统一存储方案之一。既然是一个集中化的磁盘阵列，那么就需要支持主机系统通过 IP 网络进行文件级别的数据访问，或者通过光纤协议在 SAN 网络进行块级别的数据访问。这种磁盘阵列配置了多个存储控制器和一个管理接口，允许存储管理员按需创建存储池或空间，并将其提供给不同访问类型的主机系统。

注意：统一存储系统的前端主机接口可支持 FC 8 Gbit/s、iSCSI 1 Gbit/s 和 iSCSI 10 Gbit/s，后端具备 SAS 6 Gbit/s 硬盘扩展接口，可支持 SAS、SATA 硬盘及 SSD 固态硬盘接口，具备极佳的扩展能力。实现 FC SAN 与 IP SAN、各类存储介质的良好融合，有效整合用户现有存储网络架构，实现高性能 SAN 网络的统一部署和集中管理，以适应业务和应用变化的动态需求。主机接口及硬盘接口均采用模块化设计，更换主机接口或硬盘扩展接口，无须更换固件，可大大减少升级维护的难度和工作量。

以下是对集中存储应用场景的总结。

- DAS 虽然技术比较陈旧，但还是适用于那些数据量不大，对磁盘访问速度要求较高的中小企业。
- NAS 适用于文件服务器，用来存储非结构化数据，虽然受限于以太网的速率，但是部署灵活，成本低廉。
- SAN 适用于大型应用或数据库系统，优点是性能稳定，访问速度快。传统 SAN 的缺点是成本高、系统较为复杂，但是近年来兴起的 IP SAN 基于 IP 网络，结构简单，访问速率不断提升，配合相关软件系统大大降低了构建成本，成为了主流应用方案。

2. NFS 服务介绍

网络文件系统（Network File System，NFS）是 FreeBSD（类 UNIX 操作系统）支持的文件系统中的一种，它允许网络中的计算机之间通过 TCP/IP 网络共享资源。在 NFS 的应用中，本地 NFS 的客户端应用可以透明地读写位于远端 NFS 服务器上的文件，就如同访问本地文件一样。

以下是 NFS 的优点：

① 节省本地存储空间，将常用的数据存放在一台 NFS 服务器上且可以通过网络访问，本地终端则可以减少自身存储空间。

② 用户不需要在网络中每台机器上都建有 Home 目录，Home 目录可以放在 NFS 服务器上且可以在网络上被访问和使用。

③ 一些存储设备如光驱和 Zip（一种高存储密度的磁盘驱动器与磁盘）等都可以在网络上被别的机器使用，可以减少整个网络上可移动介质设备的数量。

3. IP SAN（iSCSI）简介

（1）iSCSI 的由来

iSCSI 是一个供硬件设备使用的可以在 IP 的上层运行的 SCSI 指令集，可以实现在 IP 网络上运行 SCSI 协议，使其能够在诸如高速千兆以太网上进行路由选择。iSCSI 技术是一种新存储技术，该技术将现有 SCSI 接口与以太网络（Ethernet）技术结合，使服务器可与使用 IP 网络的存储装置互相交换数据。

iSCSI 是一种基于 TCP/IP 的协议，用来建立和管理 IP 存储设备、主机和客户机等之间的相互连接，并创建存储区域网络（SAN）。SAN 使得 SCSI 协议应用于高速数据传输网络成为可能，这种传输以数据块级别（block-level）在多个数据存储网络间进行。

SCSI 结构基于客户-服务器模式，其通常应用环境为：设备互相靠近，并且这些设备由 SCSI 总线连接。iSCSI 的主要功能是在 TCP/IP 网络上的主机系统（启动器，initiator）和存储设备（目标器，target）之间进行大量数据的封装和可靠传输。此外，iSCSI 还可以在 IP 网络中封装 SCSI 命令，并且运行在 TCP 上。

(2) iSCSI的工作过程

当iSCSI主机应用程序发出数据读写请求后，操作系统会生成一个相应的SCSI命令，该SCSI命令在iSCSI启动器层被封装成iSCSI消息包并通过TCP/IP传送到设备端，设备端的iSCSI目标器层会解开iSCSI消息包，得到SCSI命令的内容，然后传送给SCSI设备执行。设备执行SCSI命令后的响应，在经过设备端iSCSI目标器层时被封装成iSCSI响应PDU（Protocol Data Unit，协议数据单元），通过TCP/IP网络传送给主机的iSCSI启动器层，iSCSI启动器会从iSCSI响应PDU里解析出SCSI响应并传送给操作系统，最后操作系统将响应传送给应用程序。

(3) iSCSI启动器

从本质上说，iSCSI启动器是一个客户端设备，它连接到服务器提供的某一服务，并发起对该服务的请求。如果利用iSCSI创建Oracle RAC（Real Application Cluster，真正应用集群），iSCSI启动器需要安装在每个Oracle RAC节点上。

iSCSI启动器可以通过软件实现，也可以通过硬件实现。软件iSCSI启动器可用于大部分主流操作系统平台，可以使用iscsi-initiator-utils RPM中提供的免费Linux Open-iSCSI软件驱动程序。软件iSCSI启动器通常与标准网络接口卡（NIC，大多数情况下是千兆位以太网卡）配合使用。硬件iSCSI启动器是一个iSCSI HBA（或TCP卸载引擎卡），本质上只是一个专用以太网卡，其中的SCSI ASIC可以从系统CPU内卸载所有工作（TCP和SCSI命令）。

任务实施

1. NFS网络存储服务

(1) 虚拟机环境配置。

创建两台虚拟机，操作系统为CentOS，两台主机名分别为nfs-server与nfs-client，硬盘大小为20 GB，设置网络为NAT模式，配置IP地址分别为11.0.1.10与11.0.1.150，子网掩码为24位，默认网关为11.0.1.2。

(2) 在两个节点中安装NFS软件包：

```
[root@nfs-server ~]# yum -y install nfs-utils rpcbind
[root@nfs-client ~]# yum -y install nfs-utils rpcbind
```

(3) 在Server端上创建一个目录，用来共享文件：

```
[root@nfs-server ~]# mkdir -p /opt/test
[root@nfs-server ~]# ll /opt/
total 0
drwxr-xr-x 2 root root 6 Oct  6 18:08 test
```

（4）编辑NFS的配置文件/etc/exports：

```
# vi /etc/exports
# 在文件中添加一行如下
/opt/test          11.0.1.0/24(rw,sync,no_root_squash)
```

（5）使配置生效：

```
[root@ nfs-server ~]# exportfs -rv
exporting 11.0.1.0/24:/opt/test
```

相关配置文件说明如下：

- /opt/test：共享目录（若没有该目录，则需要新建该目录）。
- 11.0.1.0/24：可以为一个网段、一个IP，也可以是域名。域名支持通配符，如*.qq.com。
- rw：read-write，可读写。
- ro：read-only，只读。
- sync：文件同时写入硬盘和内存。
- async：文件暂存于内存，而不是直接写入内存。
- no_root_squash：当NFS客户端连接服务器端时，如果使用的是root用户，那么对服务器端共享的目录来说，也拥有root权限。显然开启该项是不安全的。
- root_squash：当NFS客户端连接服务器端时，如果使用的是root用户，那么对服务器端共享的目录来说，拥有匿名用户权限，通常使用nobody或nfsnobody身份。
- all_squash：不论NFS客户端连接服务器端时使用什么用户，对服务器端共享的目录来说，都拥有匿名用户权限。
- anonuid：匿名用户的UID（User Identification，用户身份证明）值，可以在此处自行设置。
- anongid：匿名用户的GID（Group Identification，共享资源系统使用者的群体身份）值。

（6）Server端启动NFS服务，并设置开机自启动。

```
[root@ nfs-server ~]# systemctl enable --now nfs rpcbind
Created symlink from/etc/systemd/system/multi-user.target.wants/nfs-server.service
to /usr/lib/systemd/system/nfs-server.service.
```

（7）在Server端查看可挂载目录：

```
[root@ nfs-server ~]# showmount -e 11.0.1.150
Export list for 11.0.1.150:
/opt/test 11.0.1.0/24
```

(8) Client 操作。

客户端挂载(客户端挂载前需要关闭两台服务器的防火墙 Firewalld):

```
[root@nfs-client ~]# mount -t nfs 11.0.1.150:/opt/test /mnt
```

无提示即表示成功,可查看挂载情况:

```
[root@nfs-client ~]# df -h
Filesystem                Size  Used  Avail  Use%  Mounted on
devtmpfs                  979M     0   979M    0%  /dev
tmpfs                     991M     0   991M    0%  /dev/shm
tmpfs                     991M  9.5M   981M    1%  /run
tmpfs                     991M     0   991M    0%  /sys/fs/cgroup
/dev/mapper/centos-root    19G  1.4G    18G    8%  /
/dev/sda1                1014M  138M   877M   14%  /boot
tmpfs                     199M     0   199M    0%  /run/user/0
11.0.1.150:/opt/test       19G  1.4G    18G    8%  /mnt
```

(9) 验证 NFS 共享存储。

在客户端/mnt 下创建一个 abc.txt 的文件进行测试:

```
[root@nfs-client mnt]# touch abc.txt
[root@nfs-client mnt]# ll
total 0
-rw-r--r--. 1 root root 0 Oct  6 18:14 abc.txt
```

使用 MD 5 工具计算 abc.txt:

```
[root@nfs-client mnt]# md5sum abc.txt
d41d8cd98f00b204e9800998ecf8427e  abc.txt
```

接下来回到 Server 节点,查看/opt/test 目录:

```
[root@nfs-server ~]# ll /opt/test/
total 0
-rw-r--r-- 1 root root 0 Oct  6 18:14 abc.txt
```

可以看到 abc.txt 文件,此时再使用 md 5 工具计算 abc.txt:

```
[root@nfs-server ~]# md5sum /opt/test/abc.txt
d41d8cd98f00b204e9800998ecf8427e  /opt/test/abc.txt
```

发现两个 MD 5 的值是相同的,即验证成功。

2. iSCSI 网络存储服务

(1) 在虚拟机上添加一块 20 GB 的硬盘,然后创建一个 20 GB 的逻辑分区作为后备存储：

```
[root@ test ~]# lsblk
NAME              MAJ:MIN  RM   SIZE  RO  TYPE  MOUNTPOINT
sda                 8:0     0    20G   0  disk
├─sda1              8:1     0     1G   0  part  /boot
└─sda2              8:2     0    19G   0  part
  └─centos-root   253:0     0    19G   0  lvm   /
sdb                 8:16    0    20G   0  disk
sr0                11:0     1  1024M   0  rom
[root@ test ~]#fdisk /dev/sdb
Welcome to fdisk (util-linux 2.23.2).

Changes will remain in memory only, until you decide to write them.
Be careful before using the write command.


Device does not contain a recognized partition table
Building a new DOS disklabel with disk identifier 0xc75a5b5a.

Command (m for help): n
Partition type:
   p   primary (0 primary, 0 extended, 4 free)
   e   extended
Select (default p): e
Partition number (1-4, default 1):
First sector (2048-41943039, default 2048):
Using default value 2048
Last sector, +sectors or +size{K,M,G} (2048-41943039, default 41943039):
Using default value 41943039
Partition 1 of type Extended and of size 20 GiB is set

Command (m for help): p

Disk /dev/sdb: 21.5 GB, 21474836480 bytes, 41943040 sectors
Units = sectors of 1 * 512 = 512 bytes
Sector size (logical/physical): 512 bytes / 512 bytes
I/O size (minimum/optimal): 512 bytes / 512 bytes
Disk label type: dos
```

```
Disk identifier: 0xc75a5b5a

   Device Boot    Start        End      Blocks   Id  System
/dev/sdb1          2048   41943039   20970496    5  Extended

Command (m for help): w
The partition table has been altered!

Calling ioctl() to re-read partition table.
Syncing disks.
[root@test ~]# partprobe
```

（2）将新建分区进行格式化：

```
[root@test ~]# mkfs.xfs -f /dev/sdb
meta-data=/dev/sdb       isize=512    agcount=4,          agsize=1310720 blks
         =               sectsz=512   attr=2,        projid32bit=1
         =               crc=1        finobt=0,           sparse=0
data     =               bsize=4096   blocks=5242880,  imaxpct=25
         =               sunit=0      swidth=0 blks
naming   =version 2      bsize=4096   ascii-ci=0           ftype=1
log      =internal log   bsize=4096   blocks=2560,       version=2
         =               sectsz=512   sunit=0 blks, lazy-count=1
realtime =none           extsz=4096   blocks=0,        rtextents=0
```

（3）安装所需软件包，然后启动所有相关服务：

```
[root@test ~]# yum install targetcli iscsi-initiator-utils -y
```

（4）启动 target.service 服务：

```
[root@test ~]# systemctl enable --now target
Created symlink from /etc/systemd/system/multi-user.target.wants/target.service to /usr/lib/systemd/system/target.service.
```

（5）创建一个新的 iSCSI 目标：

```
[root@test ~]# targetcli
Warning: Could not load preferences file /root/.targetcli/prefs.bin.
targetcli shell version 2.1.53
Copyright 2011-2013 by Datera, Inc and others.
```

```
For help on commands, type 'help'.

/> /backstores/block create luns0 /dev/sdb
Created block storage object luns0 using /dev/sdb.
/> /iscsi create
Created target iqn.2022-11.org.linux-iscsi.test.x8664:sn.56014444557d.
Created TPG 1.
Global pref auto_add_default_portal=true
Created default portal listening on all IPs (0.0.0.0), port 3260.
/> /iscsi/iqn.2022-11.org.linux-iscsi.test.x8664:sn.56014444557d/tpg1/acls create iqn.2022-11.org.linux-iscsi.test.x8664:sn.56014444557d
Created Node ACL for iqn.2022-11.org.linux-iscsi.test.x8664:sn.56014444557d
/> /iscsi/iqn.2022-11.org.linux-iscsi.test.x8664:sn.56014444557d/tpg1/luns create /backstores/block/luns0
Created LUN 0.
Created LUN 0->0 mapping in node ACL iqn.2022-11.org.linux-iscsi.test.x8664:sn.56014444557d
/> saveconfig
Configuration saved to /etc/target/saveconfig.json
/> exit
Global pref auto_save_on_exit=true
Last 10 configs saved in /etc/target/backup/.
Configuration saved to /etc/target/saveconfig.json
```

（6）将 initatorname 设置为上述操作生成的随机 iqn 号，编辑/etc/iscsi/initiatorname.iscsi 使其内容如下：

```
InitiatorName=iqn.2022-11.org.linux-iscsi.test.x8664:sn.56014444557d
```

（7）更改后重启服务：

```
[root@test ~]# systemctl restart target iscsid
```

（8）发现目标：

```
[root@test ~]# iscsiadm -m discovery -t st -p 11.0.1.150
11.0.1.150:3260,1 iqn.2022-11.org.linux-iscsi.test.x8664:sn.56014444557d
```

（9）登录到目标：

```
[root@test ~]# iscsiadm -m node -T iqn.2022-11.org.linux-iscsi.test.x8664:sn.56014444557d -lLogging in to [iface: default, target: iqn.2022-11.org.linux-iscsi.test.x8664:sn.56014444557d, portal: 11.0.1.150,3260] (multiple)
```

```
Login to [iface: default, target: iqn.2022-11.org.linux-iscsi.test.x8664:
sn.56014444557d, portal: 11.0.1.150,3260] successful.
```

（10）验证 iSCSI 磁盘的设备节点：

```
[root@test ~]# iscsiadm -m session -P3 |grep Attached
        Attached SCSI devices:
                Attached scsi disk sdc          State: running
```

（11）格式化设备节点：

```
[root@test ~]#fdisk /dev/sdc
Welcome tofdisk (util-linux 2.23.2).

Changes will remain in memory only, until you decide to write them.
Be careful before using the write command.

Device does not contain a recognized partition table
Building a new DOS disklabel with disk identifier 0x53e6098b.

Command (m for help): n
Partition type:
   p   primary (0 primary, 0 extended, 4 free)
   e   extended
Select (default p): p
Partition number (1-4, default 1):
First sector (8192-41943039, default 8192):
Using default value 8192
Last sector, +sectors or +size{K,M,G} (8192-41943039, default 41943039): +5G
Partition 1 of type Linux and of size 5 GiB is set

Command (m for help): p

Disk /dev/sdc: 21.5 GB, 21474836480 bytes, 41943040 sectors
Units = sectors of 1 * 512 = 512 bytes
Sector size (logical/physical): 512 bytes / 512 bytes
I/O size (minimum/optimal): 512 bytes / 4194304 bytes
Disk label type: dos
```

```
Disk identifier: 0x53e6098b

   Device Boot    Start       End     Blocks    Id  System
/dev/sdc1          8192   10493951   5242880   83  Linux

Command (m for help): w
The partition table has been altered!

Calling ioctl() to re-read partition table.
Syncing disks.
[root@ test ~]# partprobe
[root@ test ~]# mkfs.xfs -f /dev/sdc1
meta-data=/dev/sdc1      isize=512    agcount=4,          agsize=327680 blks
         =               sectsz=512   attr=2,        projid32bit=1
         =               crc=1        finobt=0,           sparse=0
data     =               bsize=4096   blocks=1310720,  imaxpct=25
         =               sunit=0      swidth=0 blks
naming   =version 2      bsize=4096   ascii-ci=0           ftype=1
log      =internal log   bsize=4096   blocks=2560,        version=2
         =               sectsz=512   sunit=0 blks, lazy-count=1
realtime =none           extsz=4096   blocks=0,         rtextents=0
```

（12）创建挂载点并挂载：

```
[root@ test ~]# mkdir /iscsi-test
[root@ test ~]# mount /dev/sdc1 /iscsi-test/
[root@ test ~]# lsblk
NAME              MAJ:MIN  RM   SIZE   RO  TYPE  MOUNTPOINT
sda                 8:0     0    20G    0  disk
├─sda1              8:1     0     1G    0  part  /boot
└─sda2              8:2     0    19G    0  part
  └─centos-root   253:0     0    19G    0  lvm   /
sdb                 8:16    0    20G    0  disk
└─sdb1              8:17    0     5G    0  part
sdc                 8:32    0    20G    0  disk
└─sdc1              8:33    0     5G    0  part  /iscsi-test
sr0                11:0     1  1024M    0  rom
```

项目实训

实训文档　任务 2.1

【实训题目】

本实训使用 CentOS 操作系统构建 NAS 和 IP SAN。

【实训目的】

1. 掌握 CentOS 操作系统中 NFS 和 iSCSI 服务的安装与配置方法。
2. 掌握 CentOS 操作系统中通过客户端软件使用 NFS 服务和 iSCSI 服务的方法。

【实训内容】

1. 在 CentOS 操作系统上安装 NFS 和 iSCSI 服务，配置 CentOS 操作系统，合理设置硬盘，安装和测试 NFS 和 iSCSI 服务。
2. 在 CentOS 操作系统上安装客户端软件，使用和测试 NFS 服务。
3. 在 CentOS 操作系统上安装客户端软件，使用和测试 iSCSI 服务。

任务 2.2　构建 FreeNAS 存储系统

构建 FreeNAS 存储系统

微课　构建 FreeNAS 存储系统

任务描述

1. 了解存储虚拟化技术。
2. 了解 FreeNAS 网络存储管理系统。
3. 了解 FreeNAS 的文件系统原理。
4. 了解 FreeNAS 中的 NAS 和 IP SAN 的工作原理。
5. 掌握使用 FreeNAS 构建 NAS、IP SAN 和 WebDAV 网络存储服务的操作步骤。

知识学习

1. 存储虚拟化简介

存储虚拟化（Storage Virtualization）就是对底层的存储硬件资源进行抽象化，从而展现出来的一种逻辑表现。它将实体存储空间（如硬盘）进行逻辑分隔，组成不同的逻辑存储空间，即通过一个逻辑存储实体代表底层复杂的物理驱动器，屏蔽单个存储设备的容量、速率等物理特性，底层驱动器的复杂性以及存储系统后端拓扑结构的多样性，从而极大地增强了存储能力、可恢复性和性能表现。

对服务器和应用程序来说，通过存储虚拟化技术，无论后端的物理存储是什么，所面对的都是存储设备的逻辑映像。对于用户来说，所面对的是一种抽象的物理磁盘，与存储资源中大量的物理特性隔离开来。用户不用关心实际的后端存储，只专注于管理存储空间本身，用户所看到的逻辑存储单元和本地的硬盘没有差别。

因此，存储虚拟化技术与传统技术相比，它具有更少的运营成本和更低的复杂度，简化了物理存储设备的配置和管理任务，同时还能够充分利用现有的物理存储资源，避免了存储资源的浪费。

2. FreeNAS 简介

FreeNAS 是一款开源、免费的专门用于构建 NAS 服务器的专业操作系统，可以轻松把一台普通的服务器变为存储服务器。它基于 FreeBSD 开发，在 BSD License 授权下发布，主要运行在 x86-64 架构的计算机上。FreeNAS 支持 Windows、OS X 和 UNIX 客户端，以及大量的虚拟化主机，如 XenServer 和 VMware，并支持 CIFS、AFP、NFS、iSCSI、SSH、rsync、WebDAV 以及 FTP/TFTP 等文件共享和传输协议。

FreeNAS 采用 ZFS 文件系统存储、管理和保护数据。ZFS 提供了诸如轻量级快照、压缩和重复数据删除等高级功能，并可以快速地将数据增量备份到其他设备，带宽占用少，可有效帮助系统从故障中转移。

3. ZFS 文件系统简介

ZFS 文件系统（Zettabyte File System）也称动态文件系统（Dynamic File System），是第一个 128 位文件系统。

（1）ZFS 文件系统的设计目标

- 数据完整性：所有数据都包括数据的校验和。在写入数据时，将计算并写入校验和。以后再读回该数据时，将再次计算校验和。如果校验和不匹配，则说明数据错误。当数据冗余可用时，ZFS 将尝试自动更正错误。
- 池存储：将物理存储设备添加到池中，并从该共享池中分配存储空间。所有文件系统都可以使用空间，可以通过向池中添加新的存储设备来增加空间。
- 性能：通过多种缓存机制提高性能。ARC 是基于内存的高级读取缓存。可以在 L2ARC 中添加基于磁盘的第二级读取缓存，并在 ZIL 中提供基于磁盘的同步写入缓存 。

（2）ZFS 文件系统的主要技术特征

- 存储池技术。ZFS 结合了文件系统和卷管理器特性，与其他文件系统不同，ZFS 可以创建跨越一系列硬盘或池的文件系统，还可以通过添加硬盘来增大池的存储容量，ZFS 可以进行分区和格式化。
- 写时复制技术。与传统文件系统不同，当在 ZFS 上覆盖数据时，新数据将被写入不同的块，而不是原地覆盖，仅在完成写入后，才更新元数据以指向新位置。当发生大体量写入发送中断或系统崩溃时，文件的整个原始内容仍然可用，并且不完整的写入将被丢弃，因此 ZFS 不需要运行 fsck 来检查和修复文件系统。
- 快照技术。写时复制使得 ZFS 有了另一个特性：快照（snapshots）。ZFS 使用快照来跟踪文件系统中的更改。快照包含文件系统的原始版本（文件系统的一个只读版本），实时文件系统则包含了自从快照创建之后的任何更改，没有使用额外的空间，因此新数据将会写到实时文件系统新分配的块上。如果一个文件被删除了，那么它在快照中的索引也会被删除。因此，快照主要是用来跟踪文件的更改，而不是文件的增加和删除。快照可以挂载成只读，用来恢复一个文件的过去版本。实时文件系统也可以回滚到之前的快照。回滚之后，从快照创建之后的所有更改将会丢失。

- 数据完整性验证和自动修复。当向 ZFS 写入新数据时，会创建该数据的校验和允许将文件系统分叉为新的数据集。在读取数据的时候，使用校验和进行验证。如果前后校验和不匹配，那么就说明检测到了错误，然后，ZFS 会尝试从任何的冗余（RAID-Z 或镜像）中恢复数据。
- 重复数据删除。checksums 的使用使得检测重复数据成为可能，通过重复数据删除，可增加现有相同块的参考计数，从而节省存储空间。为了检测重复块，重复数据删除表（DDT）被保留在内存中，该表包含了唯一的校验和。写入数据时，将计算校验和与表中校验和进行比较，如果匹配，就使用该块，但 DDT 会消耗内存，一般 1 TB 重复数据删除需要 5～6 GB 的内存，会影响系统性能。L2ARC 是介于磁盘和内存中间的一个缓存层，可以采用 SSD 或者速度快的存储设备作为 L2ARC 层，所以可以使用 L2ARC 存储 DDT，从而提供中间地带。如果不考虑内存和磁盘，可以通过对 DDT 压缩来解决表中的空格键，从而降低了 DDT 内存大小。
- 数据集。ZFS 文件系统、卷、快照或克隆的通用术语，每个数据都有一个格式唯一的名称 poolname/path@ snapshot。
- RAID Z。ZFS 不需要任何额外软件或硬件就可以处理 RAID，即 RAID Z。RAID Z 是 RAID 5 的一个变种，它克服了 RAID 5 的写漏洞（如意外重启导致数据和校验不同步，条带写入数据时发送意外断电，奇偶校验跟部分数据不同步，使前面写入的数据无效）。RAID Z 使用了可变宽的 RAID 条带技术，因此所有的写都是全条带写入。RAID Z 有如下三个级别，分别是 RAID Z1、RAID Z2 和 RAID Z3。
- RAID Z1：与 RAID 5 类似，一重机构校验，至少需要 3 块磁盘；
- RAID Z2：与 RAID 6 类似，双重奇偶校验，至少需要 4 块磁盘；
- RAID Z3：ZFS 所特有的，三重奇偶校验，至少需要 5 块磁盘。

4. WebDAV 网络文件服务

WebDAV 是基于 HTTP 协议的通信协议，在 GET、POST、HEAD 等几个 HTTP 标准方法以外添加了一些新的方法，使应用程序可对 Web Server 直接读写，并支持写文件锁定（Locking）及解锁（Unlock），还可以支持文件的版本控制。

常用的文件共享有三种类型：FTP、Samba、WebDAV，通过如下各自特点的介绍可根据自己的需求选择相应的方案。

- FTP 属于较原始的文件共享方式，因为其安全性问题，目前最新的浏览器已默认不能打开 FTP 协议。SFTP 在 FTP 基础上增加了加密，在 Linux 上安装 OpenSSH 后可以直接使用 SFTP 协议传输。使用 SFTP 临时传送文件效果较好，但作为文件共享，其性能不高、传输速率较慢。

- Samba 是 Linux 下 CIFS 协议的实现，优势在于使用简单，和 Windows 系统文件共享访问一样，不需要安装第三方软件，而且移动端也有大量 App 支持。Windows 下文件共享使用 445 端口，且不能更改。445 端口常常受黑客关注，在广域网上大多运营商已封掉该访问端口，所以这种文件共享只适合在内网使用。
- WebDAV 因为基于 HTTP，在广域网上共享文件有天然的优势，移动端文件管理 App 也大多支持 WebDAV 协议。使用 HTTPS 还能保证安全性。Apache 和 Nginx 支持 WebDAV，可作为 WebDAV 文件共享服务器软件，也可以使用专门的 WebDAV 软件部署。

任务实施

1. 安装 FreeNAS 网络存储系统

(1) 虚拟机环境配置

首先准备一台双核 8 GB 的虚拟机，系统光盘使用 FreeNAS-11.3-RELEASE.iso，网络模式为 NAT，基础磁盘大小为 50 GB，添加 3 块大小为 1 TB 的 SATA 硬盘、1 块大小为 256 GB 的 SCSI 硬盘。虚拟机配置信息如图 2-2 所示。

图 2-2 虚拟机配置信息

（2）开启虚拟机，进入安装页面后按 1 键后再按 Enter 键，如图 2-3 所示。

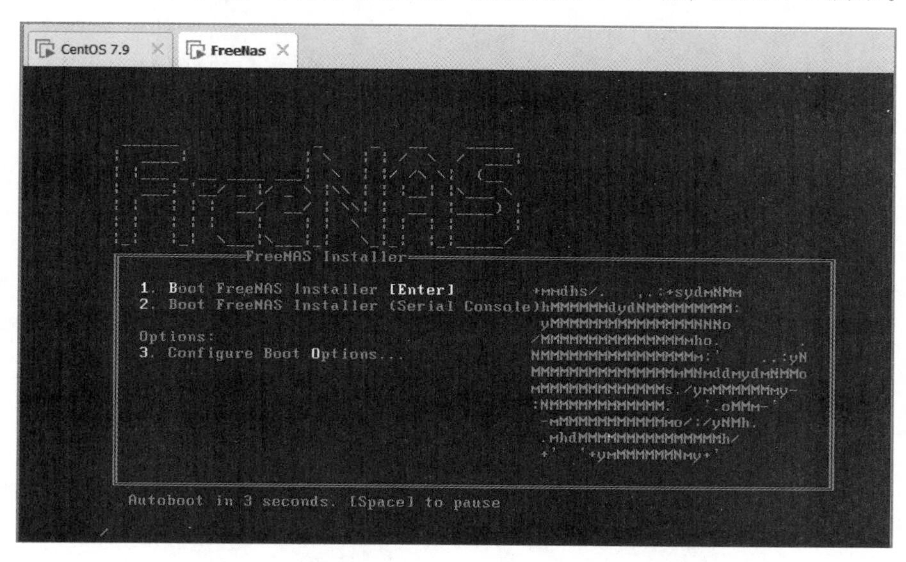

图 2-3　安装 FreeNAS

（3）选择“1 Install/Upgrade”后按 Enter 键，开始安装，如图 2-4 所示。

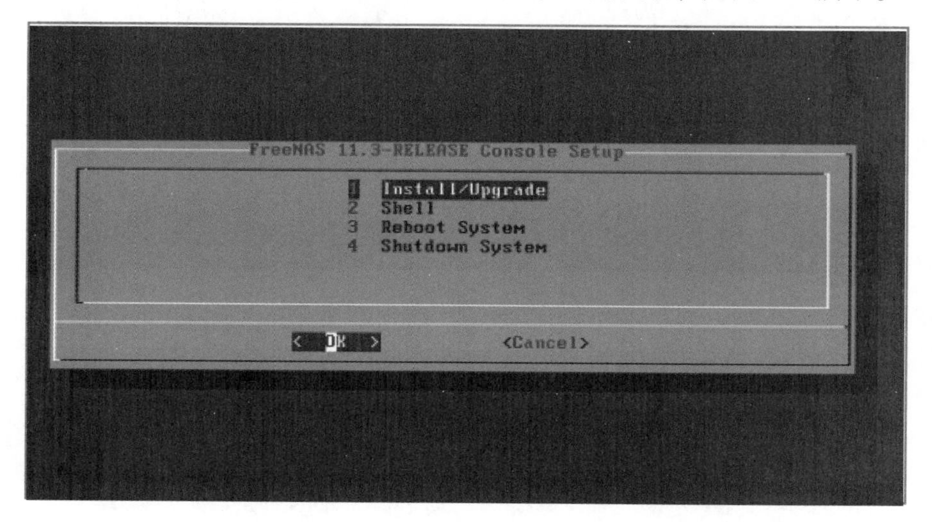

图 2-4　开始安装

（4）选择将 FreeNAS 安装到哪一块硬盘，选择完成后按 Space 键，再按 Enter 键，如图 2-5 所示。

（5）确认安装，按 Enter 键即可，如图 2-6 所示。

（6）设置并确认 root 用户密码，设置完成后按 Enter 键即可，如图 2-7 所示。

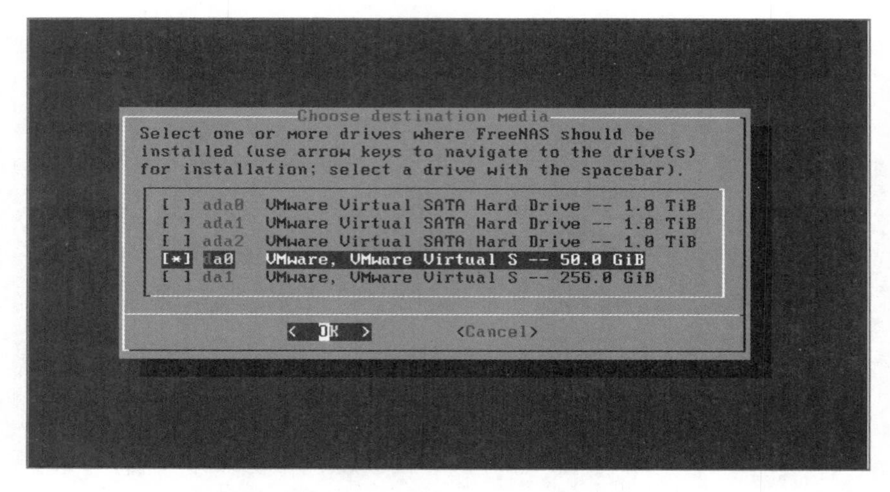

图 2-5 选择安装位置

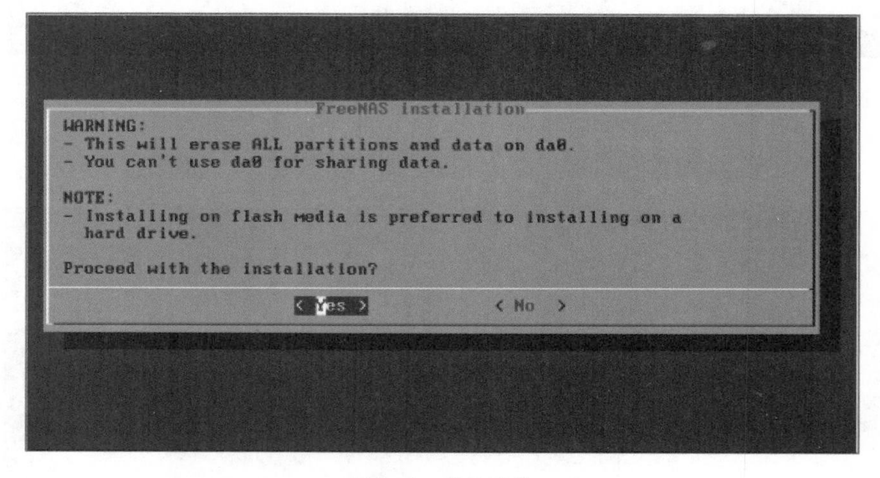

图 2-6 确认安装

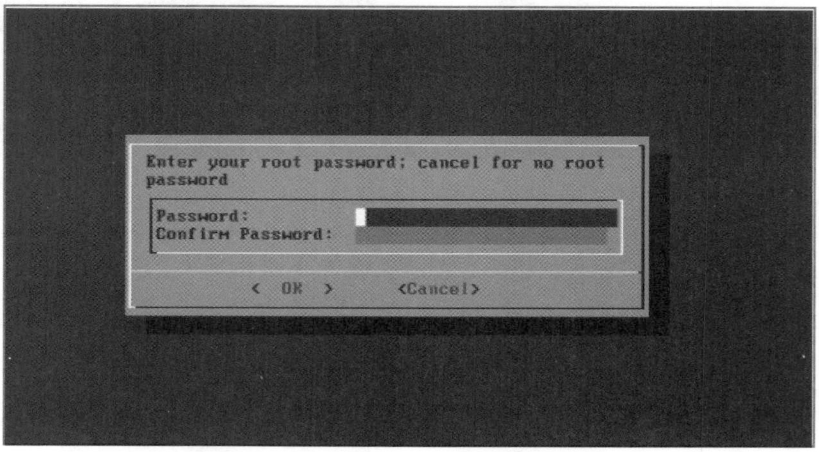

Enter your root password; cancel for no root password
Password:
Confirm Password:
< OK >
<Cancel>

图 2-7 设置并确认 root 用户密码

（7）选择引导系统，默认为 BIOS，直接按 Enter 键即可，如图 2-8 所示。

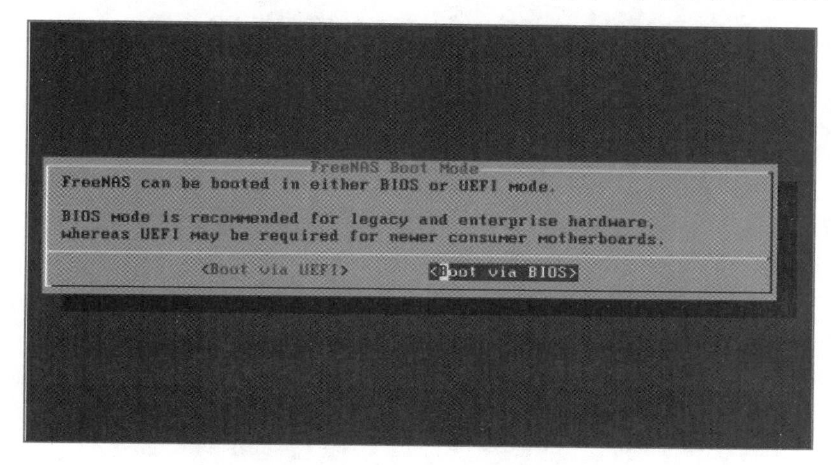

图 2-8　选择引导系统

（8）系统显示安装进度，如图 2-9 所示。

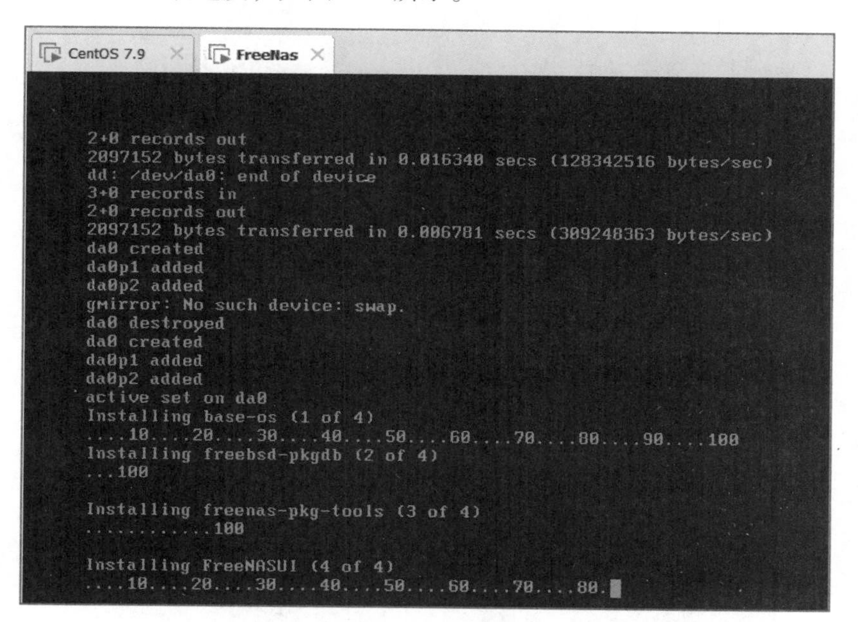

图 2-9　安装进度

（9）安装完成后，直接按 Enter 键即可，如图 2-10 所示。

（10）重启系统，移除安装介质，选择“3 Reboot System”并按 Enter 键，如图 2-11 所示。

（11）设置 FreeNAS 管理 IP 地址。选择“1”，设置 IP 地址，然后输入“1”，设置网卡名称、IP 地址和子网掩码。如果不需要设置 IPv6 的地址，则可按 N 键后按 Enter 键，结束配置，如图 2-12 所示。

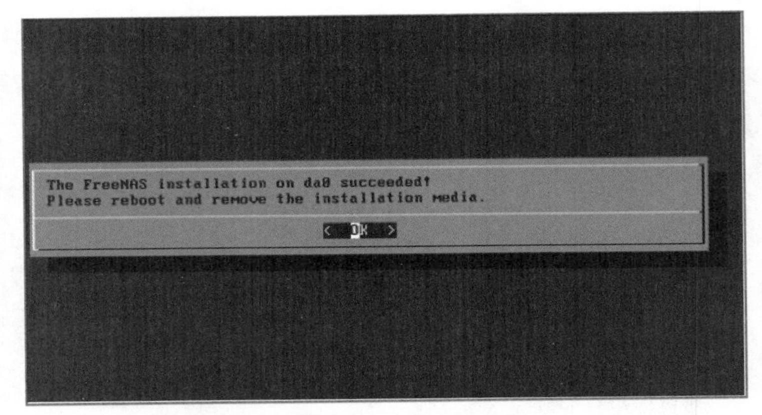

图 2-10　安装完成

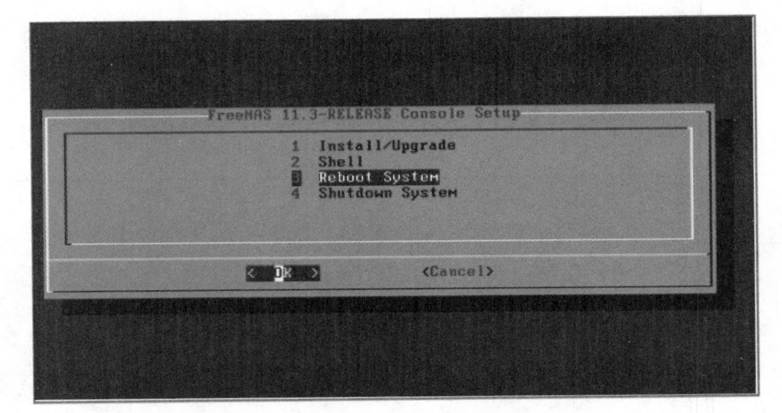

图 2-11　重启系统

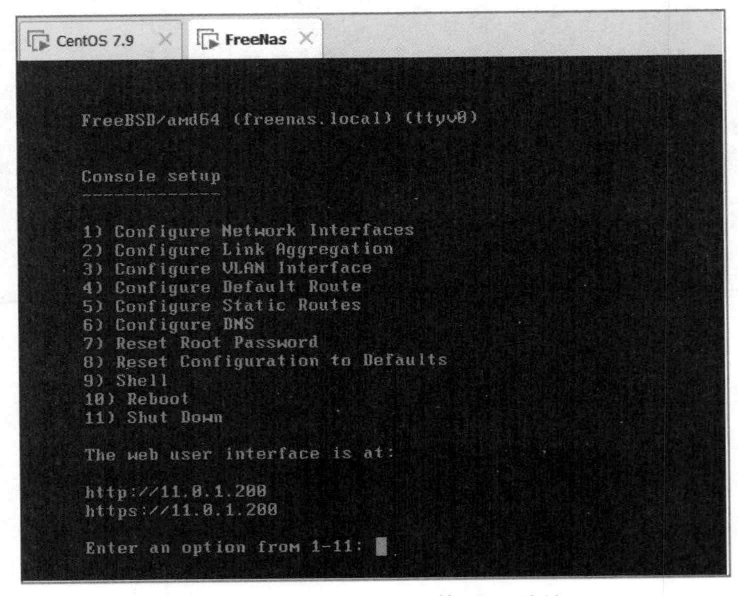

图 2-12　配置 FreeNAS 管理 IP 地址

（12）设置 FreeNAS 的网关，按 4 键后按 Enter 键，设置网关。如果不需要设置 IPv6 的网关，则可按 N 键后按 Enter 键结束配置，如图 2-13 所示。

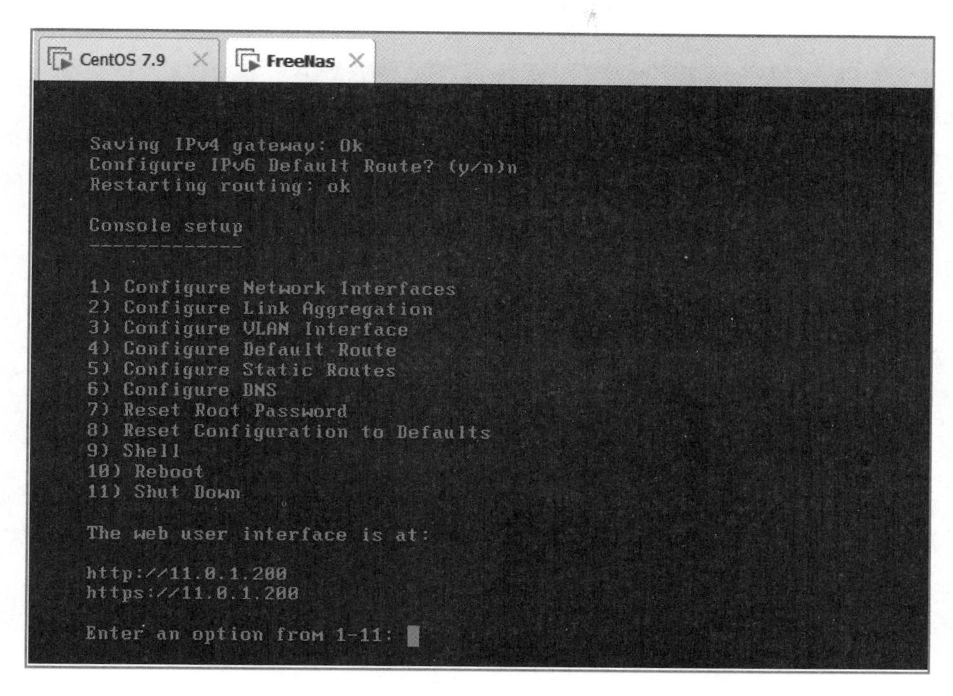

图 2-13　设置 FreeNAS 网关

至此 FreeNAS 配置完成。在浏览器输入 IP 地址进行访问，使用 root 用户名和之前设置的密码登录，如图 2-14 所示。

图 2-14　通过浏览器访问 FreeNAS

（13）设置语言为中文，在左侧导航“System”下拉菜单中选择“General”，在右侧的“Language”下拉菜单中选择“Simplified Chinese（zh-hans）”，设置完成后单击右下角的“SAVE”按钮，如图 2-15 所示。

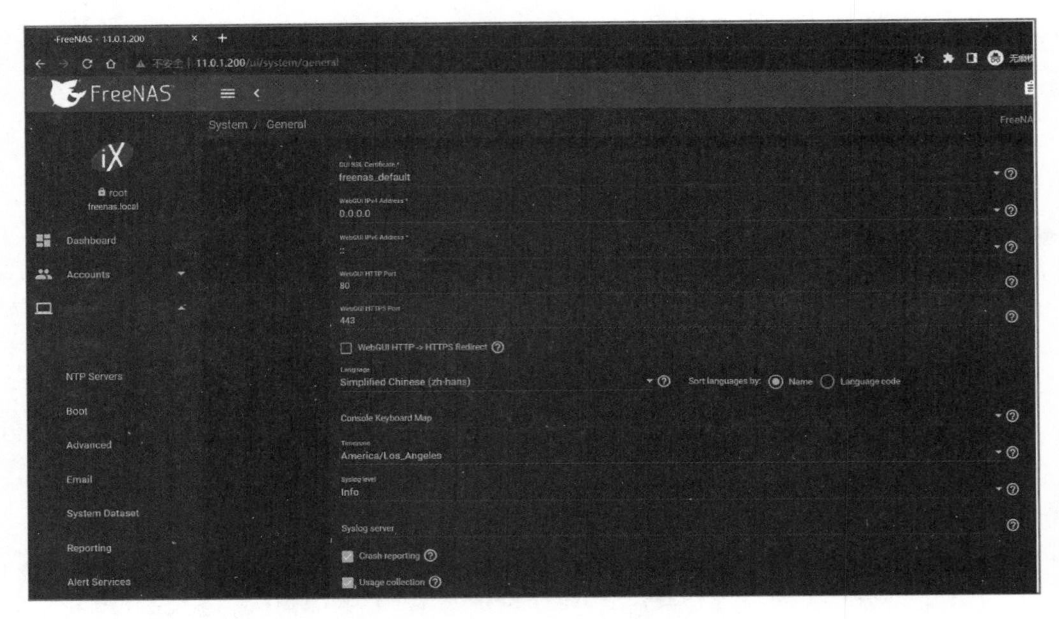

图 2-15 设置语言

（14）设置时区为亚洲/上海，在“时区”下拉菜单中选择“Asia/Shanghai”，如图 2-16 所示。

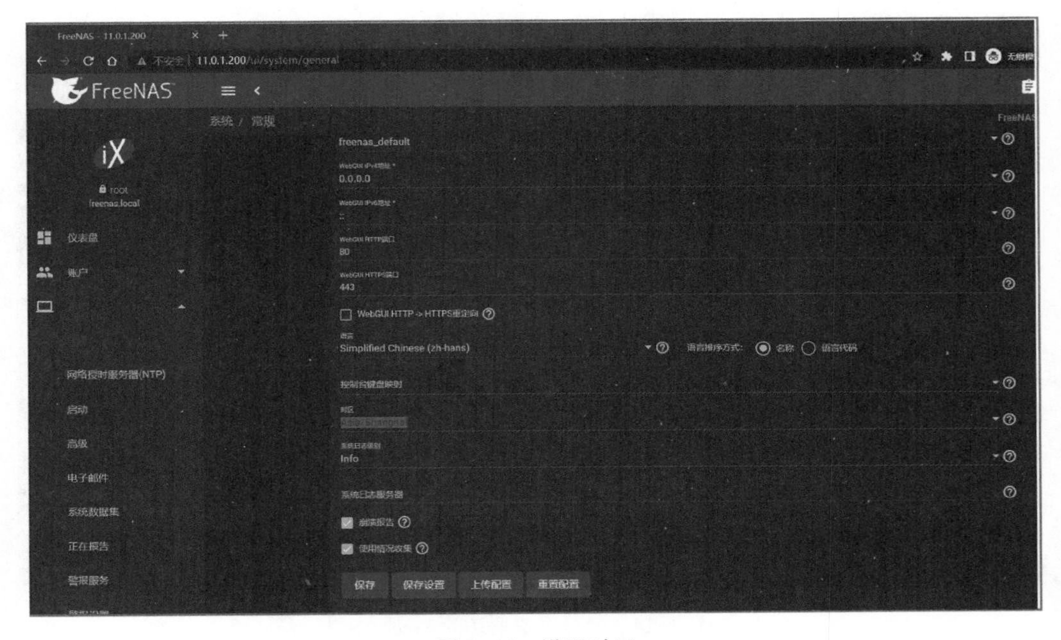

图 2-16 设置时区

（15）创建储存池，在左侧导航“储存”下拉菜单中选择“储存池”，在右侧“存储池”中单击“添加”按钮，如图2-17所示。

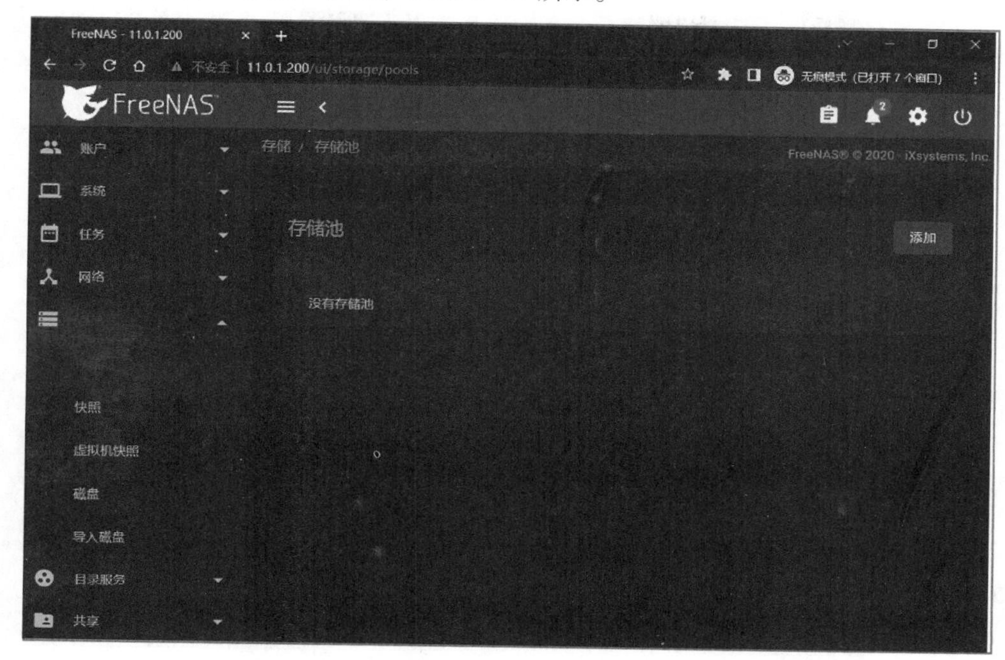

图2-17　创建储存池

（16）添加储存池，设置名称为FreeNAS，勾选左侧的“ada0”“ada1”“ada2”复选框，然后单击最左侧的箭头添加至“数据VDev”中，勾选左侧的“da1”复选框，然后单击最左侧的箭头添加至“缓存VDev”中，如图2-18所示。

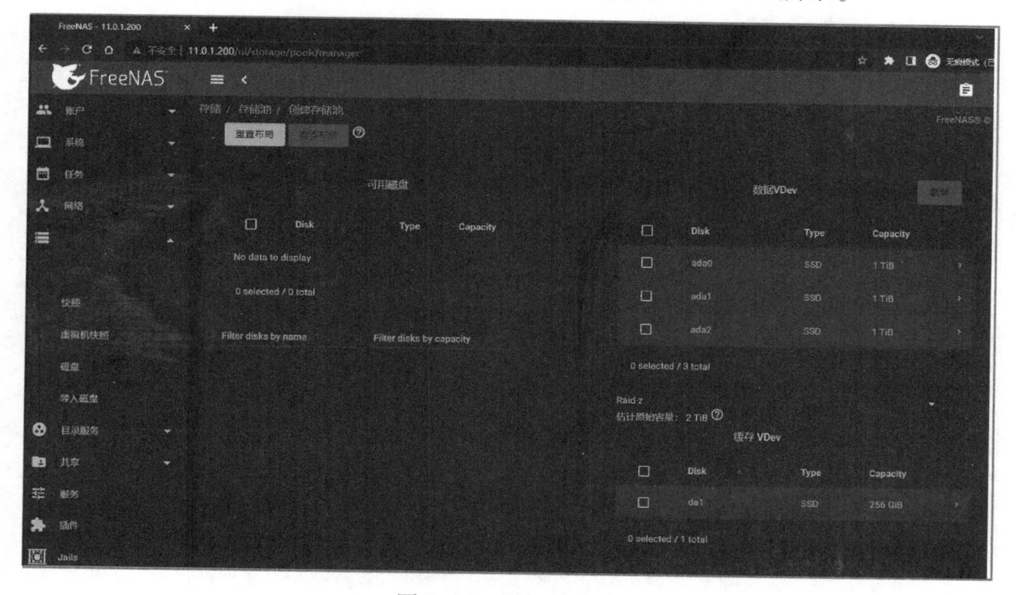

图2-18　添加储存池

2. 配置 iSCSI 网络存储服务

（1）在左侧导航中选择“服务”，在右侧界面开启 iSCSI 服务，勾选“自动启动”复选框，如图 2-19 所示。

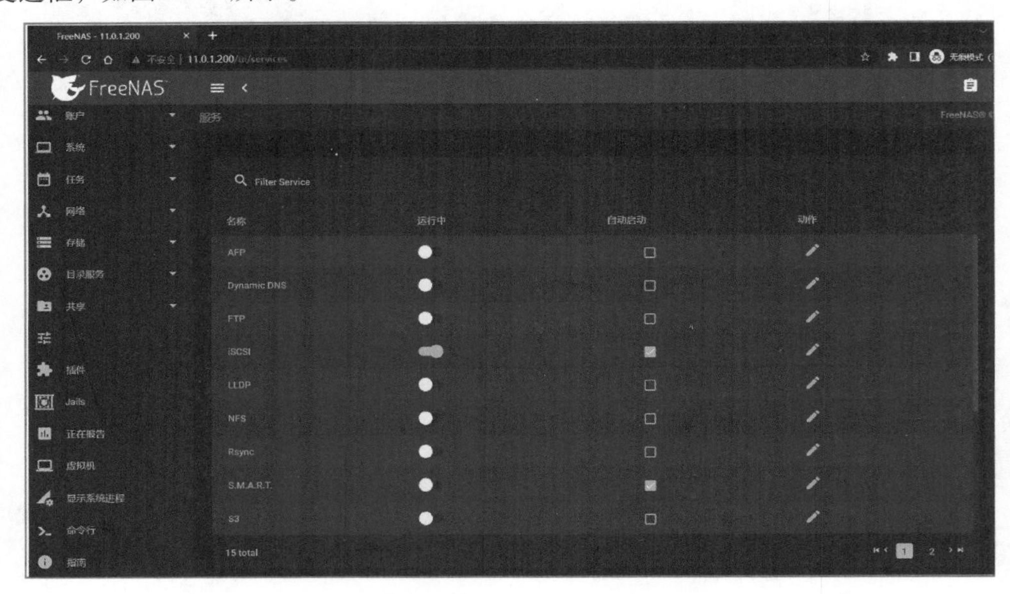

图 2-19　开启 iSCSI 服务

（2）在左侧导航的“存储”下拉菜单中选择“存储池”，单击“更多”按钮，选择添加“数据集”，设置该数据集名称为 iscsi，完成后单击“保存”按钮，如图 2-20 所示。

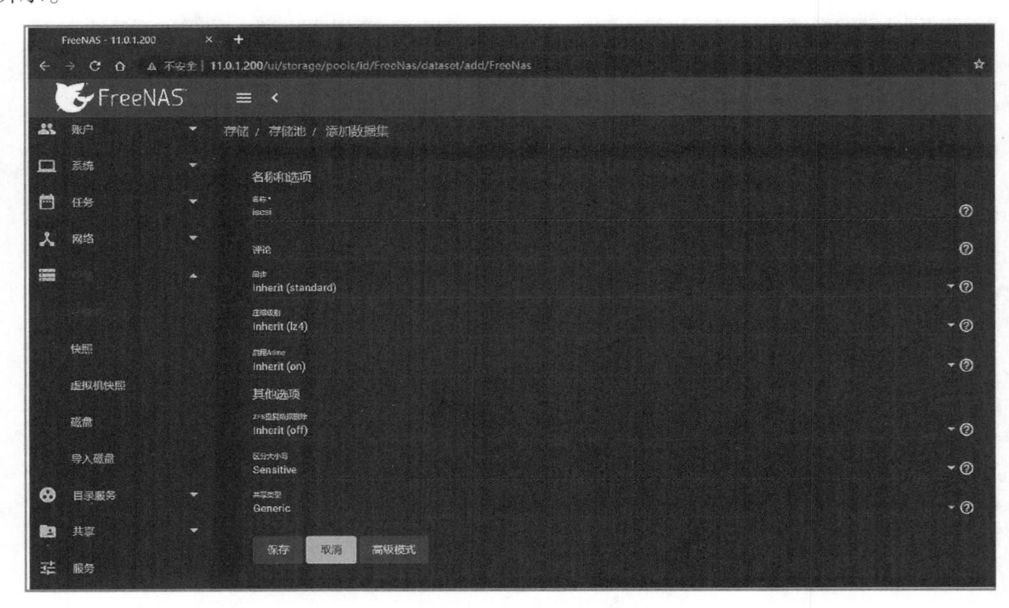

图 2-20　添加数据集

（3）在创建好的数据集中单击“更多”按钮，选择“添加 Zvol”，设置名称为 iSCSI、大小为 500 GB，完成后单击的“保存”按钮，如图 2-21 所示。

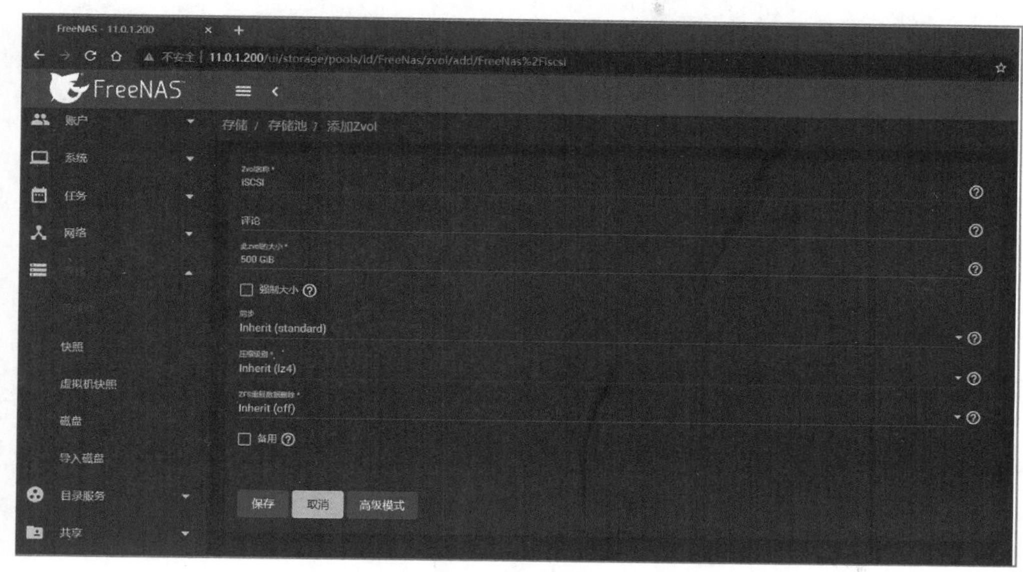

图 2-21　添加 Zvol

（4）在左侧导航的“共享”下拉菜单中选择“块共享（iSCSI）”，如图 2-22 所示。

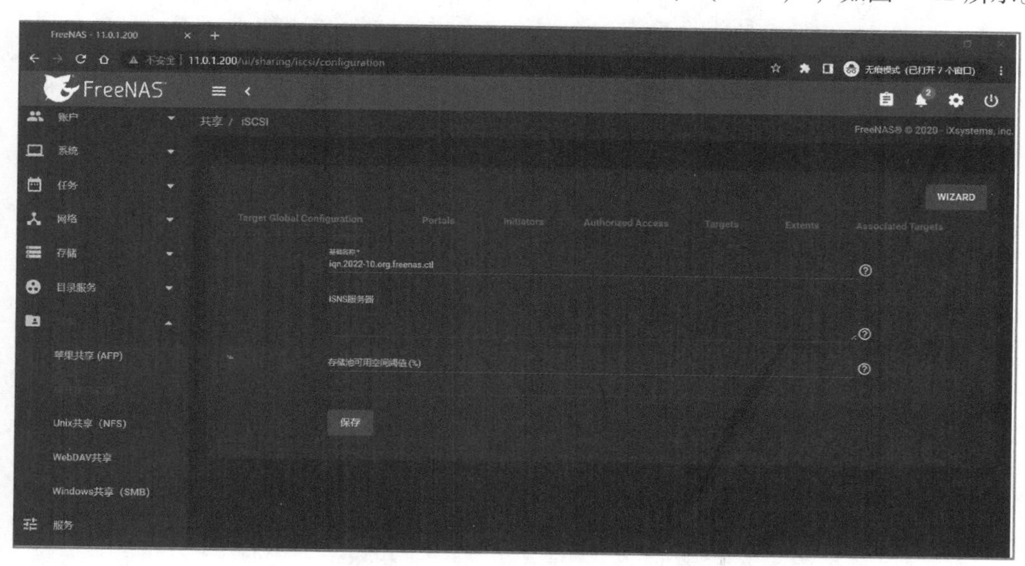

图 2-22　选择“块共享（iSCSI）”

（5）选择“Portals”标签页，单击“添加”按钮，在“IP 地址”下拉菜单中选择服务器端所有 IPv4 地址，完成后单击“保存”按钮，如图 2-23 所示。

（6）选择“Initiators”标签页，单击“添加”按钮，勾选“允许所有启动器”复选框。完成后单击“保存”按钮，如图 2-24 所示。

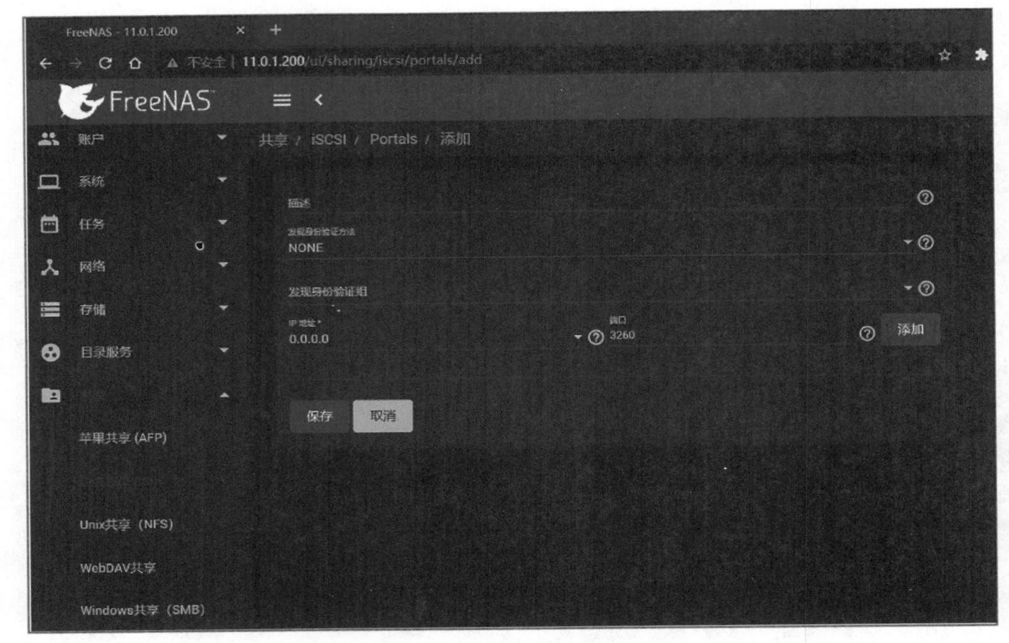

图 2-23　添加 Portals

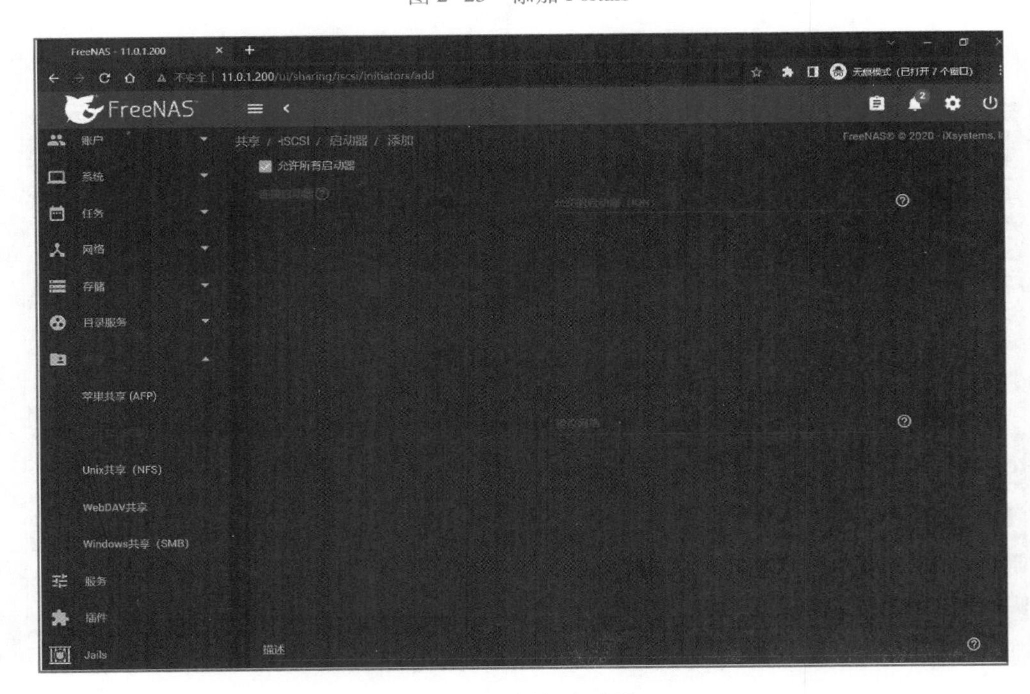

图 2-24　添加启动器

（7）选择“Targets”标签页，单击“添加”按钮，在目标名称文本框中输入“iscsi”，在“门户组 ID”下拉菜单中选择“1”，完成后单击“保存”按钮，如图 2-25 所示。

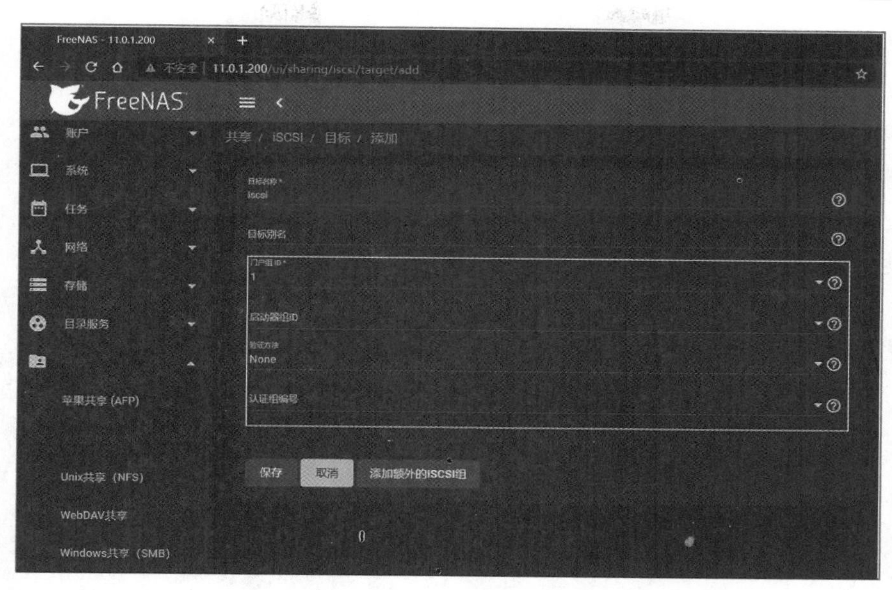

图 2-25　添加目标

（8）选择“Extents”标签页，单击“添加”按钮，在“区块名称”文本框中输入“iscsi”，在“设备”下拉菜单中选择前面创建的数据集，完成后单击“保存”按钮，如图 2-26 所示。

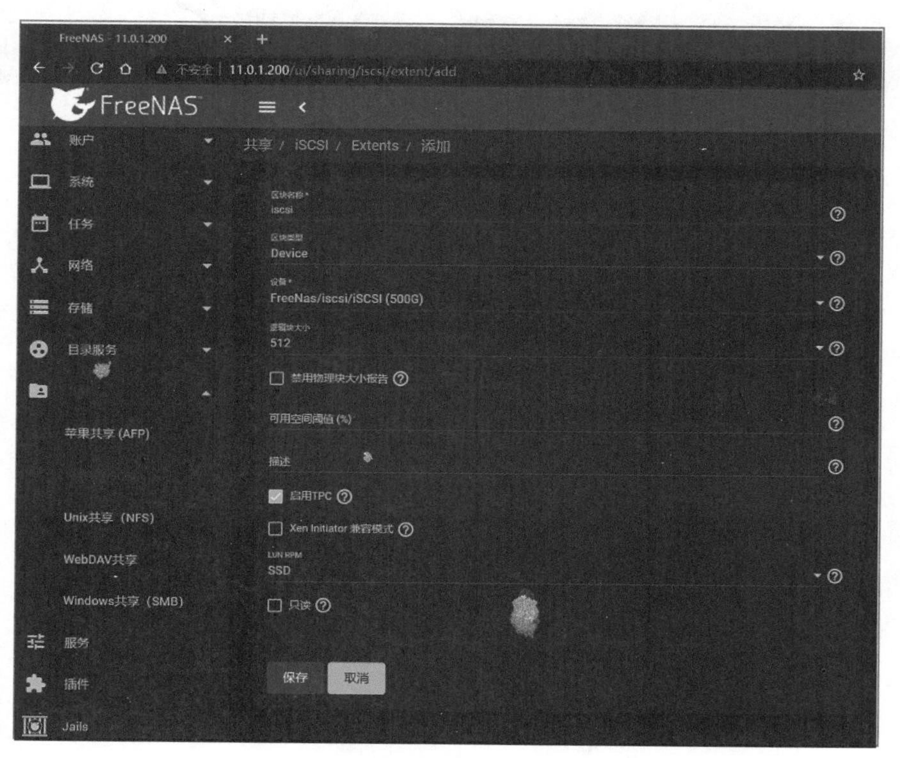

图 2-26　添加 Extents

（9）选择“Associated Targets”标签页，单击“添加”按钮，在“目标”和“区块”下拉菜单中均选择“iscsi”，完成后单击“保存”按钮，如图2-27所示。

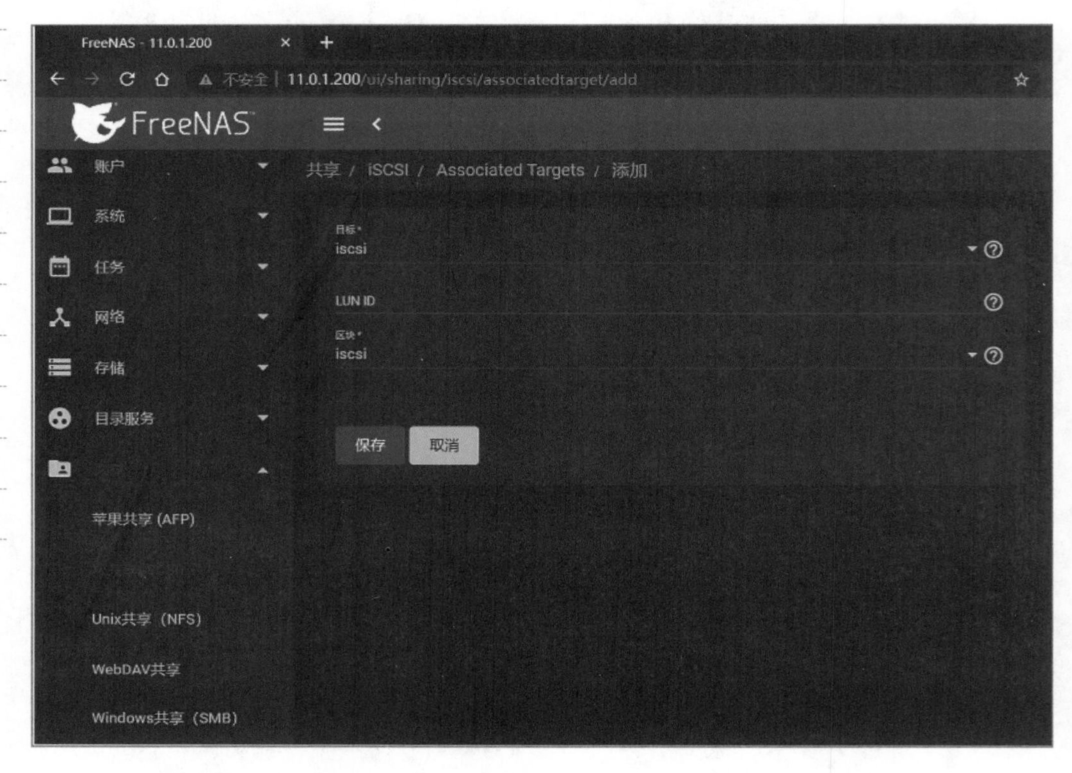

图2-27　添加 Associated Targets

3. 使用和测试 iSCSI 网络存储服务

（1）准备一台客户机进行测试，配置为双核 CPU、2 GB 内存、系统为 CentOS 7.9 的虚拟机。

（2）安装 iSCSI 相关客户端软件：

```
[root@ test ~]# yum install targetcli iscsi-initiator-utils -y
```

（3）修改/etc/iscsi/initiatorname.iscsi 文件中的 InitiatorName，然后重启 iSCSI 服务：

```
[root@ test ~]# vi /etc/iscsi/initiatorname.iscsi
InitiatorName=iqn.2022-10.org.freeNAS.ctl
[root@ test ~]# systemctl restart target iscsid
```

（4）发现目标并登录：

```
[root@ test ~]# iscsiadm --mode discoverydb --type sendtargets --portal 11.0.1.200
--discover
```

```
11.0.1.200:3260,-1 iqn.2022-10.org.freeNAS.ctl:iscsi
[root@ test ~]# iscsiadm --mode node --targetname iqn.2022-10.org.freeNAS.ctl:iscsi --portal 11.0.1.200:3260 --login
Logging in to [iface: default, target: iqn.2022-10.org.freeNAS.ctl:iscsi, portal: 11.0.1.200,3260] (multiple)
Login to [iface: default, target: iqn.2022-10.org.freeNAS.ctl:iscsi, portal: 11.0.1.200,3260] successful.
```

（5）查看磁盘：

```
[root@ test ~]# lsblk
NAME              MAJ:MIN  RM   SIZE  RO  TYPE  MOUNTPOINT
sda                 8:0     0    20G   0  disk
├─sda1              8:1     0     1G   0  part  /boot
└─sda2              8:2     0    19G   0  part
  └─centos-root   253:0     0    19G   0  lvm   /
sdb                 8:16    0   500G   0  disk
sr0                11:0     1  1024M   0  rom
```

此时可以看到系统里多了一块名为 sdb、大小为 500 GB 的磁盘，说明共享成功。

（6）磁盘分区并格式化：

```
[root@ test ~]#fdisk /dev/sdb
Welcome to fdisk (util-linux 2.23.2).

Changes will remain in memory only, until you decide to write them.
Be careful before using the write command.

Device does not contain a recognized partition table
Building a new DOS disklabel with disk identifier 0xcc517729.

The device presents a logical sector size that is smaller than
the physical sector size. Aligning to a physical sector (or optimal I/O) size boundary is recommended, or performance may be impacted.

Command (m for help): n
Partition type:
   p   primary (0 primary, 0 extended, 4 free)
   e   extended
Select (default p): p
```

```
Partition number (1-4, default 1):
First sector (2048-1048576031, default 2048):
Using default value 2048
Last sector, +sectors or +size{K,M,G} (2048-1048576031, default 1048576031):
+50G
Partition 1 of type Linux and of size 50 GiB is set

Command (m for help): p

Disk /dev/sdb: 536.9 GB, 536870928384 bytes, 1048576032 sectors
Units = sectors of 1 * 512 = 512 bytes
Sector size (logical/physical): 512 bytes / 16384 bytes
I/O size (minimum/optimal): 16384 bytes / 1048576 bytes
Disk label type: dos
Disk identifier: 0xcc517729

   Device Boot      Start         End      Blocks   Id  System
/dev/sdb1            2048   104859647    52428800   83  Linux

Command (m for help): w
The partition table has been altered!

Calling ioctl() to re-read partition table.
Syncing disks.
[root@test ~]# partprobe
[root@test ~]# mkfs.xfs -f /dev/sdb1
specified blocksize 4096 is less than device physical sector size 16384
switching to logical sector size 512
Discarding blocks...Done.
meta-data =/dev/sdb1         isize=512    agcount=4,        agsize=3276800 blks
          =                  sectsz=512   attr=2,      projid32bit=1
          =                  crc=1        finobt=0,    sparse=0
data      =                  bsize=4096   blocks=13107200, imaxpct=25
          =                  sunit=0      swidth=0 blks
naming    =version 2         bsize=4096   ascii-ci=0        ftype=1
log       =internal log      bsize=4096   blocks=6400,     version=2
          =                  sectsz=512   sunit=0 blks, lazy-count=1
realtime  =none              extsz=4096   blocks=0,       rtextents=0
```

```
[root@ test ~]# lsblk
NAME              MAJ:MIN  RM   SIZE    RO  TYPE  MOUNTPOINT
sda                 8:0     0    20G     0  disk
├─sda1              8:1     0     1G     0  part  /boot
└─sda2              8:2     0    19G     0  part
  └─centos-root   253:0     0    19G     0  lvm   /
sdb                 8:16    0   500G     0  disk
└─sdb1              8:17    0    50G     0  part
sr0                11:0     1  1024M     0  rom
```

（7）创建目录并挂载：

```
[root@ test ~]# mkdir /mnt/public
[root@ test ~]# mount /dev/sdb1 /mnt/public/
[root@ test ~]# df -h
Filesystem                Size   Used  Avail  Use%  Mounted on
devtmpfs                  979M      0   979M    0%  /dev
tmpfs                     991M      0   991M    0%  /dev/shm
tmpfs                     991M   9.6M   981M    1%  /run
tmpfs                     991M      0   991M    0%  /sys/fs/cgroup
/dev/mapper/centos-root    19G   1.4G    18G    8%  /
/dev/sda1                1014M   138M   877M   14%  /boot
tmpfs                     199M      0   199M    0%  /run/user/0
/dev/sdb1                  50G    33M    50G    1%  /mnt/public
```

（8）写入测试。

首先在客户端挂载目录下创建一个文件：

```
[root@ test ~]# cd /mnt/public/
[root@ test public]# touch test
```

然后在服务端进行查看，如图2-28所示。

4. 配置和使用NFS网络存储服务

（1）在左侧导航的“存储”下拉菜单中选择“存储池”，单击“更多”按钮，选择添加“数据集”，设置名称为NFS，完成后单击“保存”按钮，完成效果如图2-29所示。

（2）在左侧导航中选择“服务”，在右侧界面开启NFS服务，并勾选“自动启动”复选框，如图2-30所示。

（3）单击NFS后的“动作”按钮，勾选“启用NFSv4”复选框，然后单击“保存”按钮，如图2-31所示。

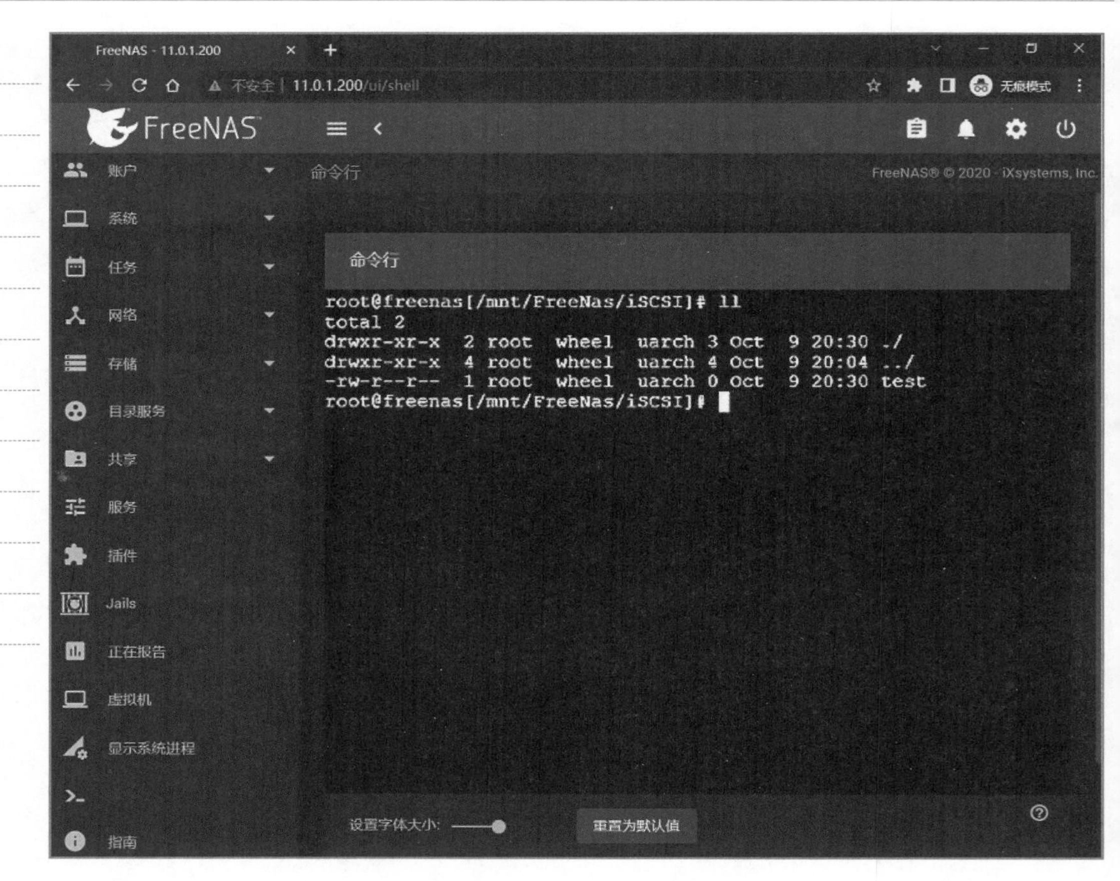

图 2-28　写入测试

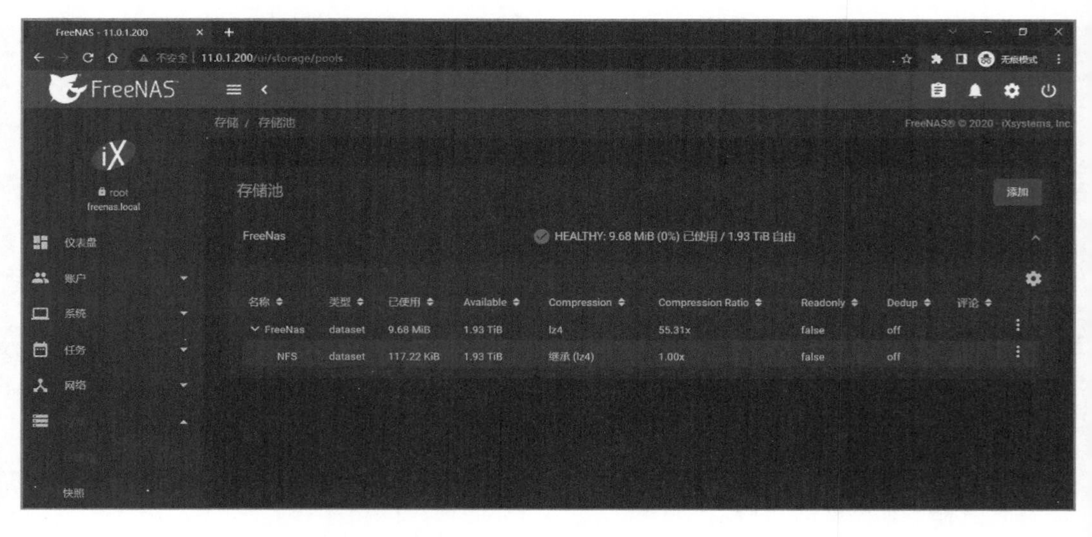

图 2-29　创建 NFS 数据集

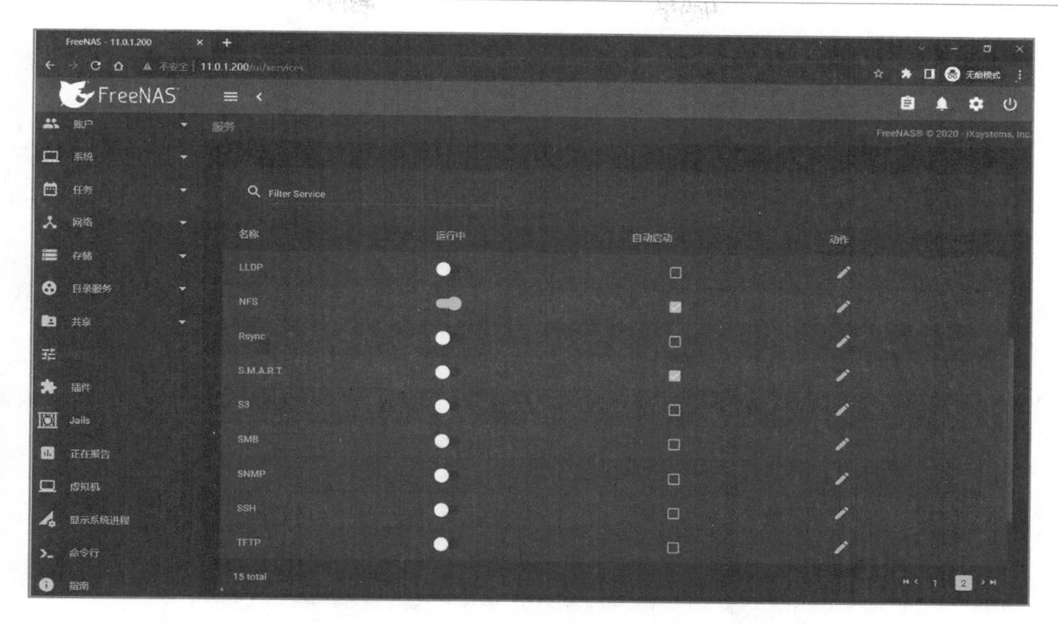

图 2-30　开启 NFS 服务

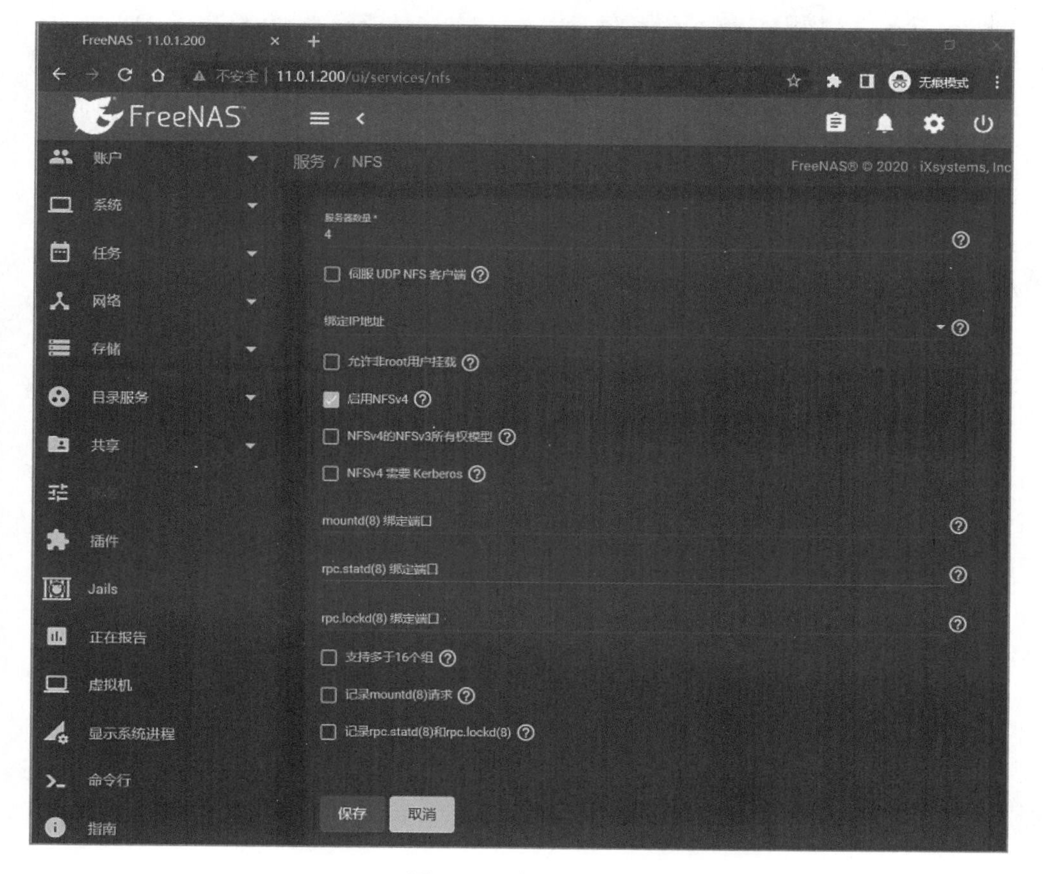

图 2-31　启用 NFSv4

（4）在客户机安装 NFS 相关软件并启动：

```
[root@ test ~]# yum install nfs-utils. x86_64 rpcbind -y
[root@ test ~]# systemctl start rpcbind
[root@ test ~]# systemctl start nfs
```

（5）创建测试文件夹：

```
[root@ test ~]# cd /mnt/private/
[root@ test private]# touch test
```

（6）在服务端查看数据是否同步，如图 2-32 所示。

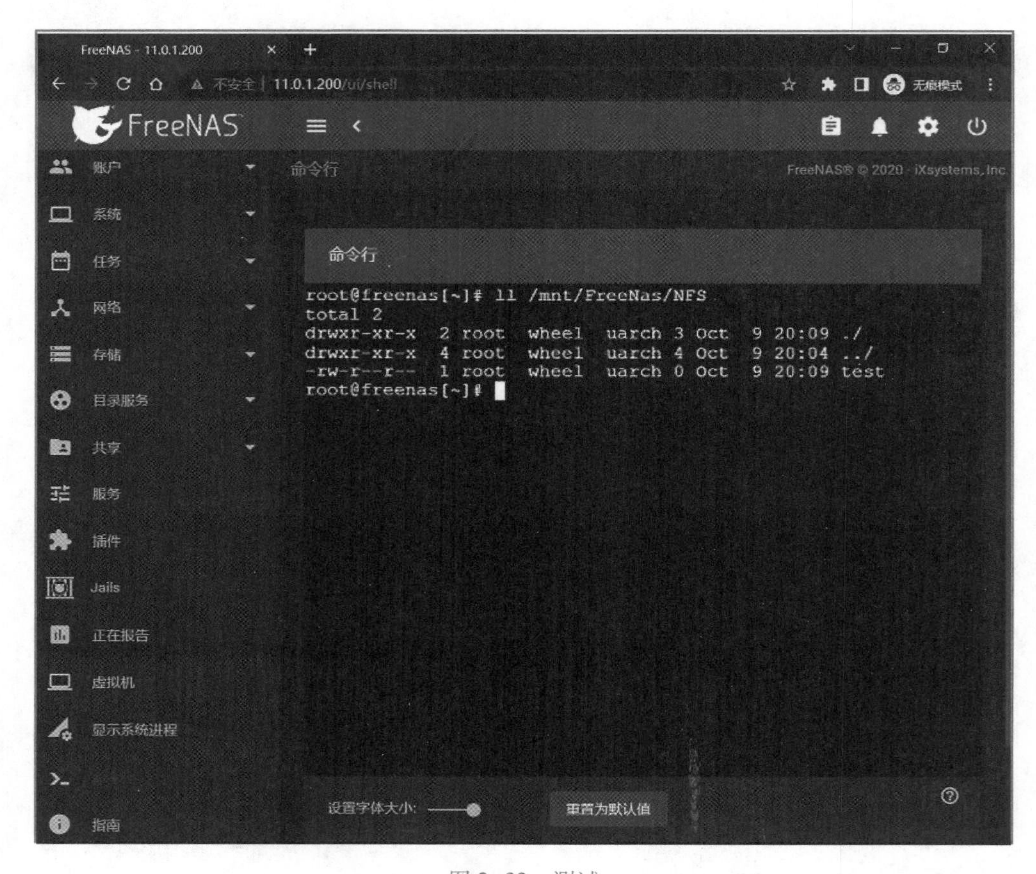

图 2-32　测试

5. 使用 WebDAV 网络存储服务

（1）在左侧导航的“存储”下拉菜单中选择“存储池”，单击“更多”按钮，选择添加“数据集”，设置名称为 WebDAV，完成后单击“保存”按钮，完成效果如图 2-33 所示。

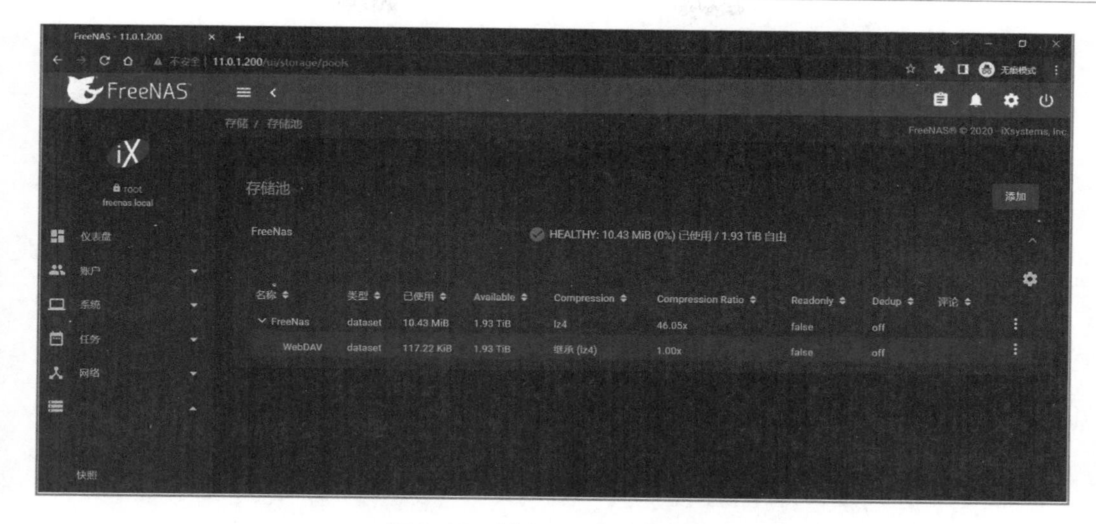

图 2-33　创建 WebDAV 数据集

（2）在左侧导航中选择“服务”，在右侧界面开启 WebDAV 服务，并勾选“自动启动”复选框，如图 2-34 所示。

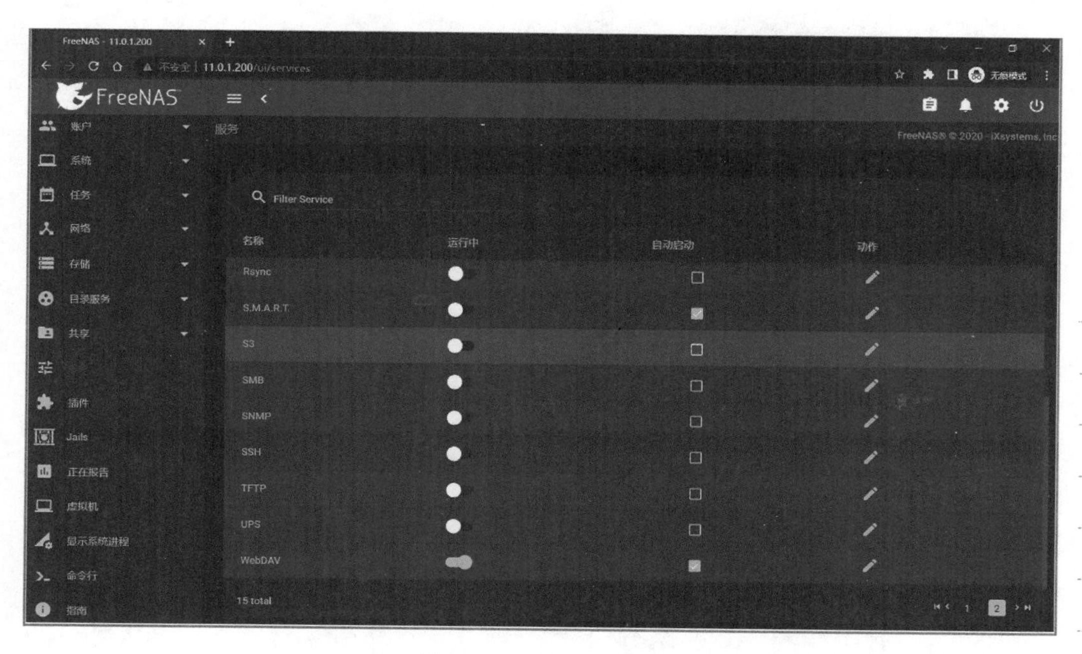

图 2-34　开启 WebDAV

（3）在服务端写入文件进行测试，如图 2-35 所示。

（4）在左侧导航的“共享”下拉菜单中选择“WebDAV 共享”，在右侧界面单击“添加”按钮，在“共享名称”文本框中输入“WebDAV”，描述路径选择为前面创建的路径，完成后单击“保存”按钮，完成效果如图 2-36 所示。

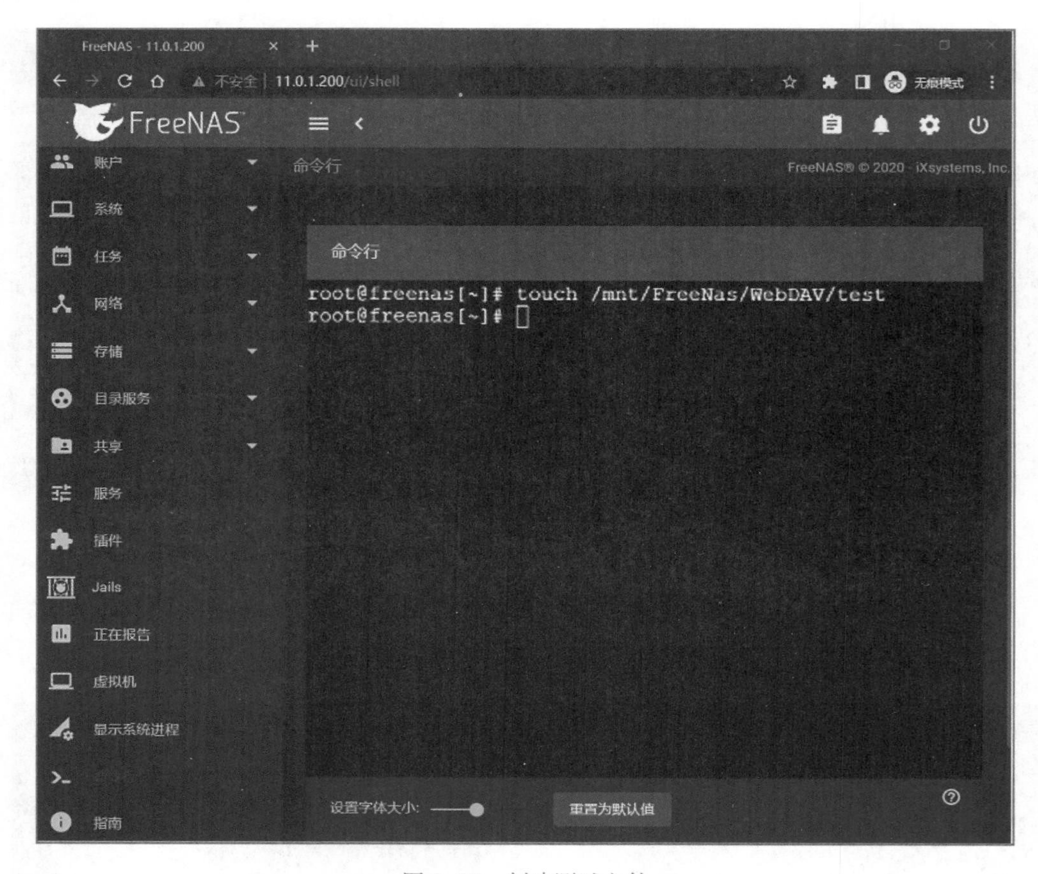

图 2-35　创建测试文件

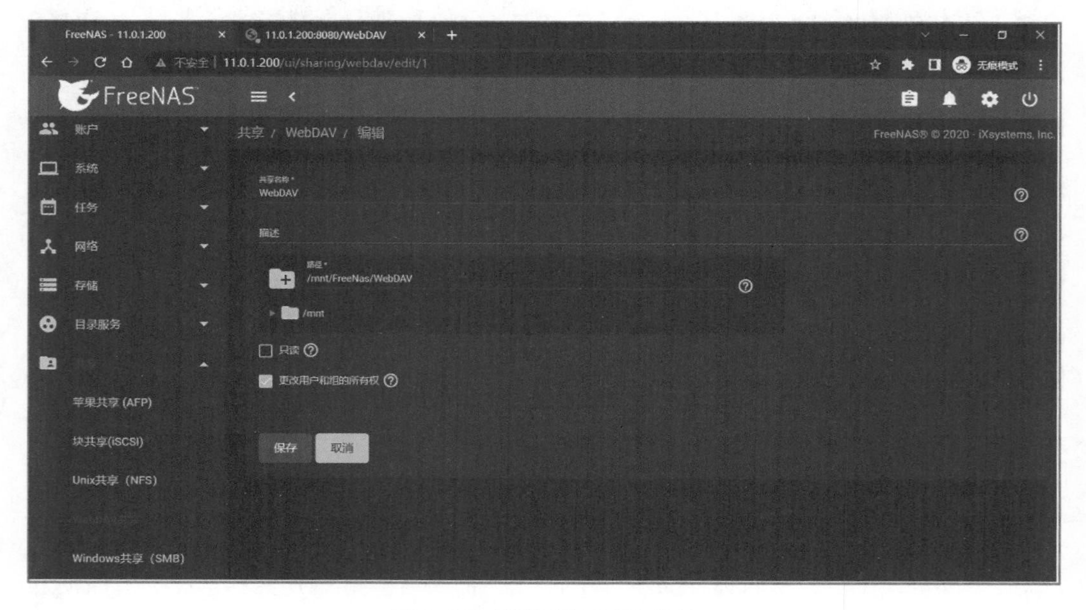

图 2-36　配置 WebDAV 共享

（5）在浏览器中访问 http://IP/共享名称，默认用户为 webdav，默认密码为 davtest。登录后如图 2-37 所示。

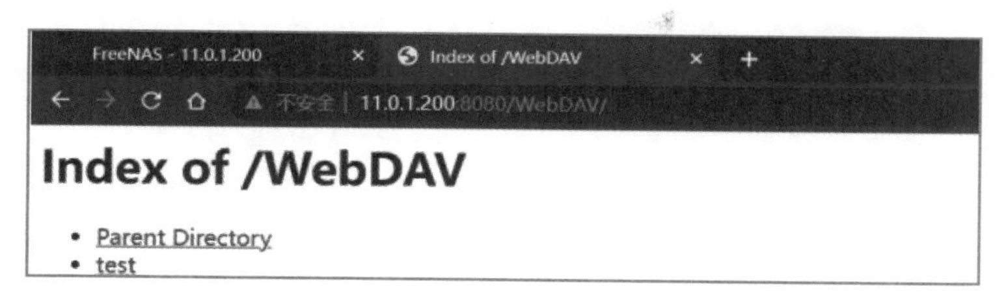

图 2-37　浏览器访问

项目实训

【实训题目】

本实训使用 FreeNAS 构建 NAS 和 IP SAN。

【实训目的】

1. 掌握 FreeNAS 操作系统的安装方法，使用 Web 方式管理 FreeNAS。
2. 掌握 NAS 存储网络的创建和访问方法。
3. 掌握 iSCSI 存储网络的创建和访问方法。

【实训内容】

1. 安装 FreeNAS 操作系统，进入 FreeNAS 管理 Web 页面。
2. 创建 NFS 存储网络、创建 NFS 卷、配置 NFS 存储服务、开启共享服务、设置 CentOS 连接 NFS 存储、添加访问控制列表和访问主机所在网段。
3. 配置 iSCSI 网络存储，添加访问控制列表和 iSCSI 卷并启动 iSCSI target 服务，利用 CentOS 客户端连接 iSCSI 网络存储，并添加 iSCSI 存储。通过上传文件确定是否添加成功。
4. 配置 WebDAV 网络存储服务，使用 Linux 和 Windows 客户端的浏览器访问该存储服务。

单元小结

本单元介绍了外置存储技术的 DAS 直连式存储、NAS 网络接入存储、SAN 存储区域网络这 3 种不同的外置存储技术。通过对比，明确了不同外置存储技术之间的优缺点。NAS 可以节省本地存储空间，减少自身存储空间的使用，减少整个网络上可移动介质设备的数量，WebDAV 应用于文件服务器，为局域网中的计算器提供文件及资源。通过对 NAS、IP SAN 环境的部署，使读者更深入地了解外置存储技术的优点。通过对 FreeNAS、NFS、iSCSI 的学习，使读者能够使用 FreeNAS 实现 NAS 和 IPSAN。

单元 3

云存储系统应用

学习目标

【知识目标】

- 了解对象存储、块存储的概念。
- 了解对象存储、块存储的使用场景。
- 了解私有云的概念和搭建步骤。

【技能目标】

- 掌握 OpenStack 私有云的搭建方法。
- 掌握块存储在私有云中的使用方法。
- 掌握对象存储在私有云中的使用方法。

【素养目标】

- 培养信息数据收集、整理能力，提升规范化、程序化意识。
- 培养认真严谨的工作态度，提升灵活数据操作能力、思考探究能力。
- 具有良好的表达能力和文档制作能力。

学习情境

某公司研发部工程师小缪在之前的研究过程中已经熟练掌握了服务器的基本存储技术，觉得公司可以在内部搭建一个私有云平台来满足公司日益增长的数据存储需求，将数据统一存储在云端，于是研发部让小缪研究私有云的存储方案。

（1）项目设计

搭建单节点的私有云平台。

（2）存储基本规划

- 实现 OpeStack Cinder 块存储。
- 实现 OpenStack Swift 对象存储。

（3）服务器功能实现

完成私有云搭建，可以正常创建并使用云主机，并正常使用 Cinder 和 Swift 存储。

构建 OpenStack 私有云

任务 3.1 构建 OpenStack 私有云

任务描述

1. 了解 OpenStack 的服务组成。
2. 掌握 OpenStack 的搭建和使用方法。

微课 构建 OpenStack 私有云

知识学习

1. 了解 OpenStack

OpenStack 是一个开源的云计算管理平台项目，由若干主要的组件组合起来完成具体工作，支持几乎所有类型的云环境，提供了实施简单、可大规模扩展、丰富、标准统一的云计算管理平台。OpenStack 通过各种互补的服务提供了基础设施即服务（IaaS）的解决方案，每个服务提供 API 以进行集成。OpenStack 是一个旨在为公有云及私有云的建设与管理提供软件的开源项目，拥有众多用户，这些用户都将 OpenStack 作为基础设施即服务（Infrastructure as a Service，IaaS）资源的通用前端。OpenStack 项目的首要任务是简化云的部署过程并为其带来良好的可扩展性。

OpenStack 云计算平台，帮助服务商和企业内部实现类似于 Amazon EC2（Elastic Compute Cloud，弹性计算云）和 S3（Simple Storage Service，存储平台）的云基础架构服务（IaaS）。OpenStack 包含两个主要模块 Nova 和 Swift，前者是虚拟服务器部署和业务计算模块，后者是分布式云存储模块，两者可以一起使用，也可以单独分开使用。

2. OpenStack 核心服务

OpenStack 覆盖了网络、虚拟化、操作系统、服务器等各个领域，是一个正在不断开发中的云计算平台项目，根据成熟及重要程度的不同，被分解成核心项目、孵化项目以及支持项目和相关项目。每个项目都有自己的委员会和项目技术主管，而且每个项目都不是一成不变的。如孵化项目可以根据发展的成熟度和重要性，转变为核心项目。截至 OpenStack 的 Icehouse 版本，下面列出了相关核心项目（即 OpenStack 核心服务）的说明。

- Keystone 身份服务（Identity Service），为 OpenStack 其他服务提供身份验证、服务规则和服务令牌的功能，管理 Domains（域）、Projects（项目）、Users（用户）、Groups（群组）、Roles（角色）。自 Essex 版本集成到项目中。
- Glance 镜像服务（Image Service），是一套虚拟机镜像查找及检索系统，支持多种虚拟机镜像格式（AKI、AMI、ARI、ISO、QCOW2、RAW、VDI、VHD、VMDK 等），具有创建上传镜像、删除镜像、编辑镜像基本信息的功能。自 Bexar 版本集成到项目中。

- Nova 计算（Compute）服务，用于为单个用户或使用群组管理虚拟机实例的整个生命周期，根据用户需求来提供虚拟服务。负责虚拟机创建、开机、关机、挂起、暂停、调整、迁移、重启、销毁等操作，配置 CPU、内存等信息规格。自 Austin 版本集成到项目中。
- Swift 对象存储（Object Storage），是一套用于在大规模可扩展系统中，通过内置冗余及高容错机制实现对象存储的系统，允许用户进行存储或者检索文件。可为 Glance 提供镜像存储，为 Cinder 块存储提供卷备份服务。自 Austin 版本集成到项目中。
- Neutron 网络（Network）管理，提供了云计算的网络虚拟化技术，为 OpenStack 其他服务提供网络连接服务。为用户提供接口，可以定义 Network（网络）、Subnet（子网）、Router（路由器），配置 DHCP、DNS、负载均衡、L3 服务，网络支持 GRE、VLAN 等。其插件架构支持目前主流的网络厂家和技术，如 Open-vSwitch（开放虚拟交换标准）。自 Folsom 版本集成到项目中。
- Cinder 块存储（Block Storage），为运行实例提供稳定的数据块存储服务，它的插件驱动架构有利于块设备的创建和管理，如创建卷、删除卷，在实例上挂载和卸载卷。自 Folsom 版本集成到项目中。
- Horizon 控制台（Dashboard），是 OpenStack 中各种服务的 Web 管理门户，用于简化用户对服务的操作，如启动实例、分配 IP 地址、配置访问控制等。自 Essex 版本集成到项目中。

任务实施

1. 配置安装环境

- 环境：最小化安装的 Centos 7.9 的服务器，安装 All-in-One 的 IaaS 平台。
- 镜像文件：CentOS-7-x86_64-DVD-2009.iso，ChinaSkills_cloud_iaas_v2.0.3.iso。

2. 修改基本配置

（1）修改主机名为 controller。

```
[root@localhost ~]# hostname controller
[root@localhost ~]#exec bash
[root@controller ~]#
```

（2）配置网络。

配置网卡 ens33 的 IP 地址为 192.168.100.10：

```
DEVICE= ens33
TYPE=Ethernet
ONBOOT=yes
```

```
NM_CONTROLLED=no
BOOTPROTO=static
IPADDR=192.168.100.10
PREFIX=24
GATEWAY=192.168.100.254
```

注意：第二块网卡 ens34 不需要配置。

（3）配置 Yum 源，使用镜像文件作为本地源，如果/opt/iaas 和/opt/centos 目录不存在，则需要新建目录。

```
[root@controller ~]# mv /etc/yum.repos.d/* /home/
[root@controller ~]# mkdir /opt/{centos,iaas}
[root@controller ~]# mount -o loop CentOS-7-x86_64-DVD-2009.iso /opt/centos/ && mount -o loop chiNASkills_cloud_iaas_v2.0.3.iso /opt/iaas/
```

此时的/opt 目录如下所示：

```
[root@controller ~]# cd /opt/
[root@controller opt]# ll
total 4
drwxr-xr-x. 8 root root 2048 Nov 4 2020 centos
drwxr-xr-x. 4 root root 2048 Apr 27 14:14 iaas
```

配置 Yum 的配置文件，创建一个 local.repo，添加如下代码：

```
[root@controller ~]# cat /etc/yum.repos.d/local.repo
[centos]
name=centos
baseurl=file:///opt/centos
enabled=1
gpgcheck=0
[iaas]
name=iaas
baseurl=file:///opt/iaas/iaas-repo
enabled=1
gpgcheck=0
```

保存并退出，执行如下命令：

```
# yum clean all
# yum list
```

（4）关闭防火墙，设置防火墙开机不启动：

```
[root@ controller ~]# systemctl stop firewalld
[root@ controller ~]# systemctl disable firewalld
```

（5）关闭 SELinux。

1）临时关闭 SELinux：

```
[root@ controller ~]# setenforce 0
```

2）永久关闭 SELinux：

```
[root@ controller ~]# vi /etc/selinux/config
#把 SELINUX=enforcing 改成 SELINUX=disabled
```

（6）安装 openstack-iaas：

```
[root@ controller ~]# yum install openstack-iaas -y
```

（7）修改全局配置文件 openrc. sh：

```
[root@ controller ~]# vi /etc/openstack/openrc. sh
#--------------------system Config--------------------##
#Controller Server Manager IP. example:x. x. x. x
HOST_IP=192. 168. 100. 10

#Controller HOST Password. example:000000
HOST_PASS=000000

#Controller Server hostname. example:controller
HOST_NAME=controller

#Compute Node Manager IP. example:x. x. x. x
HOST_IP_NODE=192. 168. 100. 10

#Compute HOST Password. example:000000
HOST_PASS_NODE=000000

#Compute Node hostname. example:compute
HOST_NAME_NODE=controller

#--------------------Chrony Config--------------------##
#Controller network segment IP. example:x. x. 0. 0/16(x. x. x. 0/24)
```

```
network_segment_IP = 192. 168. 100. 0/24

#--------------------Rabbit Config ------------------##
#user for rabbit.  example:openstack
RABBIT_USER = openstack

#Password for rabbit user . example:000000
RABBIT_PASS = 000000

#--------------------MySQL Config---------------------##
#Password for MySQL root user .  exmaple:000000
DB_PASS = 000000

#--------------------Keystone Config------------------##
#Password for Keystore admin user.  exmaple:000000
DOMAIN_NAME = demo
ADMIN_PASS = 000000
DEMO_PASS = 000000

#Password for Mysql keystore user.  exmaple:000000
KEYSTONE_DBPASS = 000000

#--------------------Glance Config--------------------##
#Password for Mysql glance user.  exmaple:000000
GLANCE_DBPASS = 000000

#Password for Keystore glance user.  exmaple:000000
GLANCE_PASS = 000000

#--------------------Placement Config-----------------------##
#Password for Mysql placement user.  exmaple:000000
PLACEMENT_DBPASS = 000000

#Password for Keystore placement user.  exmaple:000000
PLACEMENT_PASS = 000000

#--------------------Nova Config----------------------##
```

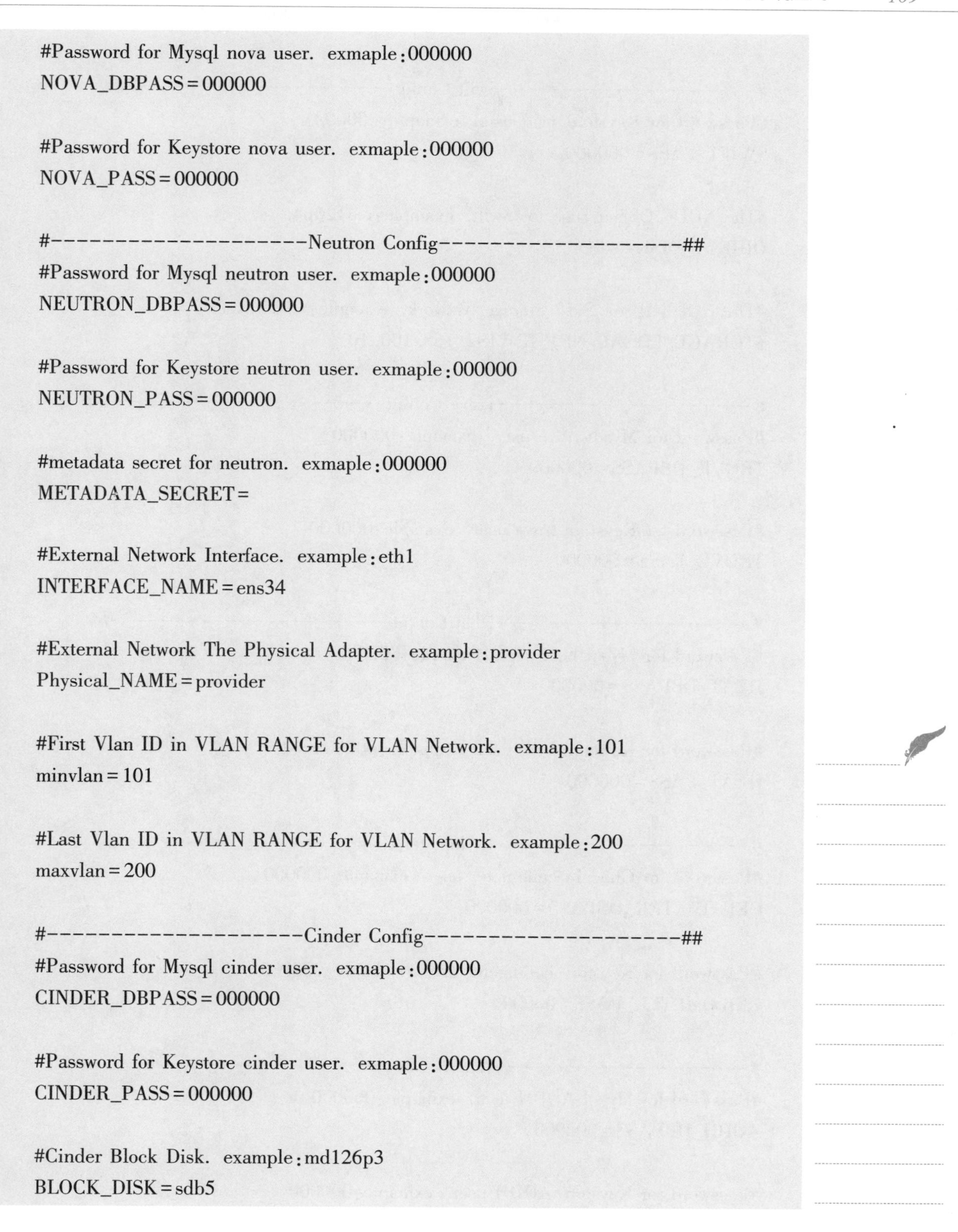

```
#Password for Mysql nova user. exmaple:000000
NOVA_DBPASS=000000

#Password for Keystore nova user. exmaple:000000
NOVA_PASS=000000

#--------------------Neutron Config--------------------##
#Password for Mysql neutron user. exmaple:000000
NEUTRON_DBPASS=000000

#Password for Keystore neutron user. exmaple:000000
NEUTRON_PASS=000000

#metadata secret for neutron. exmaple:000000
METADATA_SECRET=

#External Network Interface. example:eth1
INTERFACE_NAME=ens34

#External Network The Physical Adapter. example:provider
Physical_NAME=provider

#First Vlan ID in VLAN RANGE for VLAN Network. exmaple:101
minvlan=101

#Last Vlan ID in VLAN RANGE for VLAN Network. example:200
maxvlan=200

#--------------------Cinder Config--------------------##
#Password for Mysql cinder user. exmaple:000000
CINDER_DBPASS=000000

#Password for Keystore cinder user. exmaple:000000
CINDER_PASS=000000

#Cinder Block Disk. example:md126p3
BLOCK_DISK=sdb5
```

```
#--------------------Swift Config--------------------##
#Password for Keystore swift user.  exmaple:000000
SWIFT_PASS=000000

#The NODE Object Disk for Swift.  example:md126p4.
OBJECT_DISK=sdb6

#The NODE IP for Swift Storage Network.  example:x. x. x. x.
STORAGE_LOCAL_NET_IP=192. 168. 100. 10

#--------------------Trove Config--------------------##
#Password for Mysql trove user.  exmaple:000000
TROVE_DBPASS=000000

#Password for Keystore trove user.  exmaple:000000
TROVE_PASS=000000

#--------------------Heat Config--------------------##
#Password for Mysql heat user.  exmaple:000000
HEAT_DBPASS=000000

#Password for Keystore heat user.  exmaple:000000
HEAT_PASS=000000

#--------------------Ceilometer Config--------------------##
#Password for Gnocchi ceilometer user.  exmaple:000000
CEILOMETER_DBPASS=000000

#Password for Keystore ceilometer user.  exmaple:000000
CEILOMETER_PASS=000000

#--------------------AODH Config--------------------##
#Password for Mysql AODH user.  exmaple:000000
AODH_DBPASS=000000

#Password for Keystore AODH user.  exmaple:000000
```

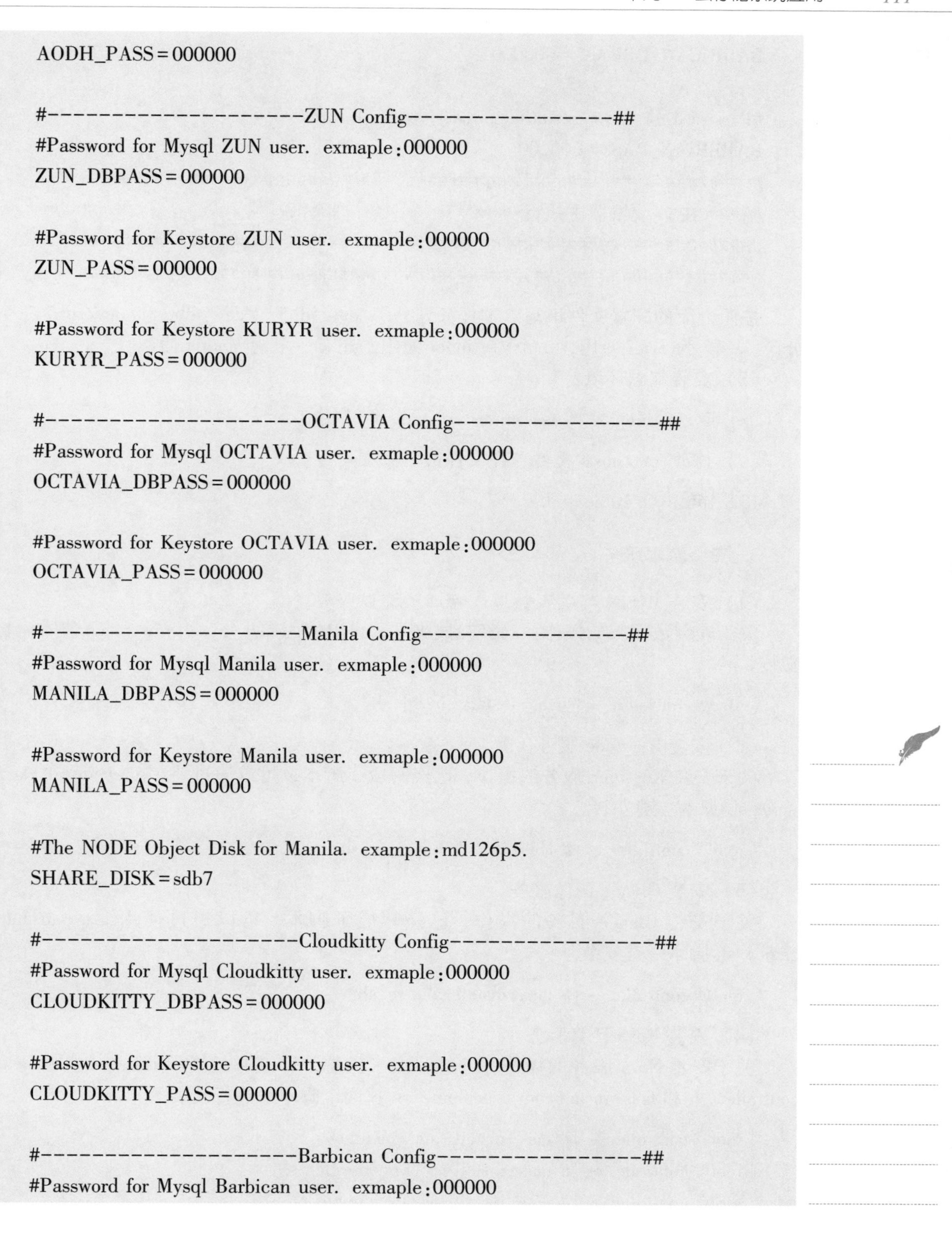

```
AODH_PASS=000000

#--------------------ZUN Config-----------------##
#Password for Mysql ZUN user. exmaple:000000
ZUN_DBPASS=000000

#Password for Keystore ZUN user. exmaple:000000
ZUN_PASS=000000

#Password for Keystore KURYR user. exmaple:000000
KURYR_PASS=000000

#--------------------OCTAVIA Config-----------------##
#Password for Mysql OCTAVIA user. exmaple:000000
OCTAVIA_DBPASS=000000

#Password for Keystore OCTAVIA user. exmaple:000000
OCTAVIA_PASS=000000

#--------------------Manila Config-----------------##
#Password for Mysql Manila user. exmaple:000000
MANILA_DBPASS=000000

#Password for Keystore Manila user. exmaple:000000
MANILA_PASS=000000

#The NODE Object Disk for Manila. example:md126p5.
SHARE_DISK=sdb7

#--------------------Cloudkitty Config-----------------##
#Password for Mysql Cloudkitty user. exmaple:000000
CLOUDKITTY_DBPASS=000000

#Password for Keystore Cloudkitty user. exmaple:000000
CLOUDKITTY_PASS=000000

#--------------------Barbican Config-----------------##
#Password for Mysql Barbican user. exmaple:000000
```

```
BARBICAN_DBPASS=000000

#Password for Keystore Barbican user.  exmaple:000000
BARBICAN_PASS=000000
##############################################################
##### 在vi编辑器中执行:%s/^.\{1\}//  删除每行前1个字符(#号) #####
##############################################################
##############################################################
```

按照上面的配置文件填写。本任务划分了/dev/sdb5、/dev/sdb6和/dev/sdb7三个分区，一个为Swift使用，一个为Cinder使用，还有一个为Manila使用。

（8）安装基础环境：

```
[root@ controller ~]# iaas-pre-host. sh
```

（9）修改/etc/hosts文件，在文件最后添加一行：

```
192. 168. 100. 10 controller
```

3. 安装基本服务

（1）安装MySQL（关系数据库管理系统）服务。

关于安装数据库的操作，已经写成脚本，可以使用iaas-install-mysql. sh脚本一键安装。

```
[root@ controller ~]#iaas-install-mysql. sh
```

（2）安装Keystone服务。

关于安装Keystone服务的操作，已经写成了脚本，可以通过使用iaas-install-keystone. sh脚本一键安装。

```
[root@ controller ~]# iaas-install-keystone. sh
```

（3）安装Glance镜像服务。

关于安装Glance服务的操作，已经写成了脚本，可以通过使用iaas-install-glance. sh脚本一键安装。

```
[root@ controller ~]# iaas-install-glance. sh
```

（4）安装Nova计算服务。

关于安装Nova服务的操作，已经写成了脚本，可以通过使用iaas-install-nova-controller. sh和iaas-install-nova-compute. sh这两个脚本来进行安装。

```
[root@ controller ~]# iaas-install-placement. sh
[root@ controller ~]# iaas-install-nova-controller. sh
[root@ controller ~]# iaas-install-nova-compute. sh
```

（5）安装 Neutron 网络服务。

关于安装 Neutron 服务的操作，已经写成了脚本，可以通过使用 iaas-install-neutron-controller. sh 和 iaas-install-neutron-compute. sh 这两个脚本来进行安装。

```
[root@ controller ~]# iaas-install-neutron-controller. sh
[root@ controller ~]# iaas-install-neutron-compute. sh
```

（6）安装 Dashboard 服务。

关于安装 Dashboard 服务的操作，已经写成了脚本，可以通过使用 iaas-install-dashboard. sh 脚本来安装。

```
[root@ controller ~]# iaas-install-dashboard. sh
```

安装完以上的服务，实验环境搭建完成。

（7）验证安装。

在浏览器中输入 http://192. 168. 100. 10/dashboard 并按 Enter 键，进入 OpenStack 登录界面，如图 3-1 所示。在“域”文本框中输入“demo”，在“用户名”文本框中输入“admin”，在“密码”文本框中输入“000000”，输入完毕后单击“登入”按钮。

图 3-1　登录界面

实训文档　任务3.1

项目实训

【实训题目】

本实训使用 CentOS 7.9 系统搭建一个 All-in-One 的 OpenStack 私有云平台。

【实训目的】

1. 掌握 Linux 系统的基础操作方法，包括修改主机名和配置网络等。
2. 掌握 OpenStack 私有云平台的搭建方法。

【实训内容】

1. 创建一个 CentOS 7.9 的虚拟机，修改基础的配置。
2. 执行安装脚本，搭建 OpenStack 平台。
3. 登录 OpenStack 平台，验证搭建是否成功。

配置 OpenStack Swift 对象存储

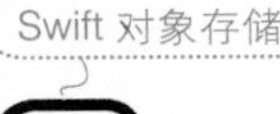

任务3.2　配置 OpenStack Swift 对象存储

任务描述

微课　配置 OpenStack Swift 对象存储

1. 了解 Swift 对象存储。
2. 了解 Swift 的使用环境。
3. 掌握 Swift 对象存储的构建和使用方法。

知识学习

1. Swift 基本概念

Swift 构筑在性价比较高的标准硬件存储基础设施之上，无须采用 RAID（磁盘冗余阵列），通过在软件层面引入一致性散列技术，提高数据冗余性、高可用性和可伸缩性。它支持多租户模式、容器和对象读写操作，适合解决互联网应用场景下的非结构化数据存储问题。在 OpenStack 中，Swift 主要用于存储虚拟机镜像和 Glance 的后端存储。在实际运用中，Swift 的典型运用是网盘系统，可存储类型为图片、邮件、视频、存储备份等静态资源。

Swift 不能像传统文件系统那样进行挂载和访问，只能通过 REST API 接口来访问数据，不同于传统文件系统和实时数据存储系统，它适用于存储和获取一些静态的永久性的数据，并在需要的时候进行更新。

在了解 Swift 服务之前，首先要明确以下3个基本概念：

（1）Account（账号）

出于访问安全性考虑，在使用 Swift 系统时，每个用户必须有一个账号（Account）。只有通过 Swift 验证的账号才能访问 Swift 系统中的数据。提供账号验证的节点被称为 Account Server。Swift 中由 Swauth 提供账号权限认证服务。

用户通过账号验证后将获得一个验证字符串（authentication token），后续每次数据访问操作都需要传递这个字符串。

（2）Container（容器）

Swift 中的 Container 可以类比 Windows 操作系统中的文件夹或者 Unix 类操作系统中的目录，用于组织管理数据，所不同的是 Container 不能嵌套。数据都以 Object 的形式存放在 Container 中。

（3）Object（对象）

Object 是 Swift 中的基本存储单元。一个对象包含两部分：数据和元数据（metadata）。其中元数据包括对象所属 Container 名称、对象本身名称以及用户添加的自定义数据属性（必须是 key-value 格式）。

对象名称在 URL 编码后大小要小于 1024 字节。用户上传的对象最大是 5 GB，最小是 0 字节。用户可以通过 Swift 内建的对象支持技术获取超过 5 GB 的大对象。对象的元数据不能超过 90 个 key-value 对，并且这些属性的总大小不能超过 4 KB。

Account、Container、Object 是 Swift 系统中的 3 个基本概念，三者的层次关系为：一个 Account 可以创建拥有任意多个 Container，一个 Container 中可以包含任意多个 Object。可以简单理解为一个租户拥有一个 Account，Account 下存放 Container，Container 下存储 Object。

在 Swift 系统中，集群被划分成多个区（zone），区可以是一个磁盘、一个服务器、一台机柜甚至一个数据中心，每个区中有若干节点（Node）。Swift 将 Object 存储在节点（Node）上，每个节点都是由多块硬盘组成的，并保证对象在多个节点上有备份（默认情况下，Swift 会给所有数据保存 3 个副本）以及这些备份之间的一致性。备份将均匀地分布在集群服务器上，并且系统保证各个备份分布在不同区的存储设备上，这样可以提高系统的稳定性和数据的安全性，并且可以通过增加节点来线性地扩充存储空间。当一个节点出现故障，Swift 会从其他正常节点对出故障节点的数据进行备份。

2. Swift 系统架构

Swift 集群主要包含认证节点、代理节点和存储节点。认证节点主要负责对用户的请求授权，只有通过认证节点授权的用户才能操作 Swift 服务。因为 Swift 是 OpenStack 的子项目之一，所以目前一般使用 Keystone 服务作为 Swift 服务的认证服务。代理节点用于和用户交互，接收用户的请求并且做出响应。Swift 服务所存储的数据一般都放在数据节点中。

Swift 系统架构图如图 3-2 所示，下面将详细讲解 Swift 服务的各个组件以及其功能。

- 代理服务（Proxy Server）：对外提供对象服务 API，会根据环的信息来查找服务地址并转发用户请求至相应的账户、容器或者对象服务。由于采用无状态的 REST 请求协议，可以进行横向扩展来均衡负载。
- 认证服务（Authentication Server）：用来验证访问用户的身份信息，并获得一个

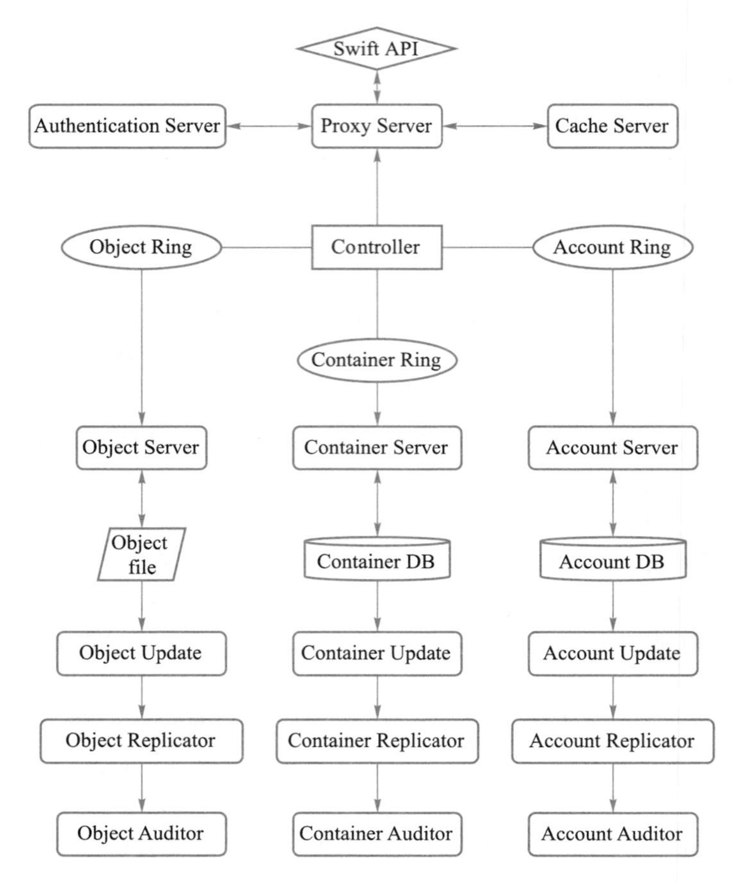

图 3-2　Swift 系统架构

对象访问令牌（Token），在一定的时间内会一直有效。验证访问令牌的有效性缓存直至过期时间。

- 缓存服务（Cache Server）：缓存的内容包括对象服务令牌、账户和容器的存在信息，但不会缓存对象本身的数据。缓存服务可采用 Memcached（高性能的分布式内存对象缓存系统）集群，Swift 会使用一致性散列算法来分配缓存地址。
- 账户服务（Account Server）：提供账户元数据和统计信息，并维护所含容器列表的服务，每个账户的信息被存储在一个 SQLite（轻型数据库）数据库中。
- 容器服务（Container Server）：提供容器元数据和统计信息，并维护所含对象列表的服务，每个容器的信息也存储在一个 SQLite 数据库中。
- 对象服务（Object Server）：提供对象元数据和内容服务，每个对象的内容会以文件的形式存储在文件系统中，元数据会作为文件属性来存储，建议采用支持扩展属性的 XFS 文件系统。
- 复制服务（Replicator）：检测本地分区副本和远程副本是否一致，具体是通过对比散列文件和高级水印来完成，当发现不一致时，会采用推式（Push）更新远程副本，如对象复制服务会使用远程文件复制工具 rsync 来进行同步。另外一个任务是确保被标记删除的对象从文件系统中移除。

- 更新服务（Updater）：当对象由于高负载的原因而无法立即更新时，任务将会被序列化到在本地文件系统中进行排队，以便服务恢复后进行异步更新。如成功创建对象后容器服务器没有及时更新对象列表，这时容器的更新操作就会进入排队中，更新服务会在系统恢复正常后扫描队列并进行相应的更新处理。
- 审计服务（Auditor）：用来检查对象、容器和账户的完整性，如果发现比特级的错误，文件将被隔离，并复制其他的副本以覆盖本地损坏的副本。其他类型的错误会被记录到日志中。
- 账户清理服务（Account Reaper）：用来移除被标记为删除的账户，删除其所包含的所有容器和对象。
- 环（Ring）：是 Swift 最重要的组件之一，用于记录存储对象与物理位置间的映射关系。在涉及查询 Account、Container、Object 信息时，就需要查询集群的 Ring 信息。Ring 使用 Zone（区域）、Device（设备）、Partition（分区）和 Replica（副本）来维护这些映射信息。Ring 中每个 Partition 在集群中都（默认）有 3 个 Replica。每个 Partition 的位置由 Ring 来维护，并存储在映射中。Ring 文件在系统初始化时创建，之后每次增减存储节点时，需要重新平衡 Ring 文件中的项目，以保证增减节点时，系统因此而发生迁移的文件数量最少。
- 区域（Zone）：Ring 中引入了 Zone 的概念，把集群的 Node 分配到每个 Zone 中。其中同一个 Partition 的 Replica 不能同时放在同一个 Node 上或同一个 Zone 内。如果所有的 Node 都在一个机架或一个机房中，一旦发生断电、网络故障等，将造成用户无法访问的情况出现。

任务实施

本任务将实现 Swift 的部署与基本使用。

（1）安装 Swift 服务。

在 controller 节点依次执行 iaas-install-swift-controller. sh 和 iaas-install-swift-compute. sh 脚本即可完成安装。

```
[root@ controller ~]# iaas-install-swift-controller. sh
[root@ controller ~]# iaas-install-swift-compute. sh
```

安装完 Swift 之后，可查看 Swift 的状态。

```
[root@ controller ~]# swift stat
                    Account: AUTH_82ed940f3b3a42448a5482eecfc6363e
                 Containers: 0
                    Objects: 0
```

```
                Bytes: 0
       X-Put-Timestamp: 1664739307.57939
           X-Timestamp: 1664739307.57939
            X-Trans-Id: tx2e707005cb004d4eb5782-006339e7ea
          Content-Type: text/plain; charset=utf-8
X-Openstack-Request-Id: tx2e707005cb004d4eb5782-006339e7ea
```

查看容器。

```
[root@ controller ~]# swift list
```

此时显示仓库为空，因为没有容器，所以查询不到。

（2）创建容器。

创建一个容器，名称为 xac001，并进行查看。

```
[root@ controller ~]# swift post xac001
[root@ controller ~]# swift list
xac001
```

（3）容器操作。

上传一个文件到这个容器中，并进行查看。

```
[root@ controller ~]# swift upload xac001 anaconda-ks.cfg
anaconda-ks.cfg
[root@ controller ~]# swift list xac001
anaconda-ks.cfg
```

删除该文件并进行查看。

```
[root@ controller ~]# swift delete xac001 anaconda-ks.cfg
anaconda-ks.cfg
[root@ controller ~]# swift list xac001
```

可以发现文件已被删除。

删除该容器，并进行查看。

```
[root@ controller ~]# swift delete xac001
xac001
[root@ controller ~]# swift list
```

此时可以发现容器已被删除。

项目实训

【实训题目】

本实训部署 Swift 服务，对 Swift 存储进行上传文件和删除操作。

【实训目的】

1. 掌握 Swift 对象存储的搭建。
2. 掌握 Swift 对象存储的使用和运维。

实训文档　任务 3.2

【实训内容】

1. 使用安装脚本安装 Swift 对象存储服务。
2. 查看 Swift 状态，并创建一个名称为 test 的容器。
3. 创建一个 1. txt 文档并上传到 test 容器中。

任务 3.3　配置 OpenStack 分布式块存储

配置 OpenStack 分布式块存储

PPT

任务描述

1. 了解 Cinder 块存储。
2. 了解 Cinder 块存储的使用环境。
3. 掌握 Cinder 块存储的搭建和使用方法。

微课　配置 OpenStack 分布式块存储

知识学习

1. 了解 Cinder 块存储

（1）块的概念

块是指以扇区为基础，由一个或多个连续的扇区组成的，也称为物理块，是处在文件系统与块设备（如磁盘驱动器）之间的一种概念。

（2）块存储

Cinder 提供了 OpenStack 的 Block Service（块服务）。类似于 Amazon EBS 块存储服务，OpenStack 中的实例是不能持久化的，需要挂载 Volume，在 Volume 中实现持久化。Cinder 是对 Volume 的管理。是从 Nova 里分出来的，其前身是 Nova-volume。因为 Nova 变得越来越复杂，而块服务又非常重要，所以在 Folsom 版本中，Cinder 就从 Nova 中分离出来了。因为可以和商业存储设备相结合，所以存储厂商都很积极。

2. Cinder 系统架构图

如图 3-3 所示是 Cinder 的系统架构，下面对主要部分进行讲解。

（1）cinder-api

它负责接受和处理 Rest 请求，并将请求放入 RabbitMQ 队列。

（2）cinder-scheduler

它用来处理任务队列的任务，并根据预定策略选择合适的 Volume Service 节点来执行任务。目前版本的 Cinder 仅仅提供了一个 Simple Scheduler，该调度器选择卷数量

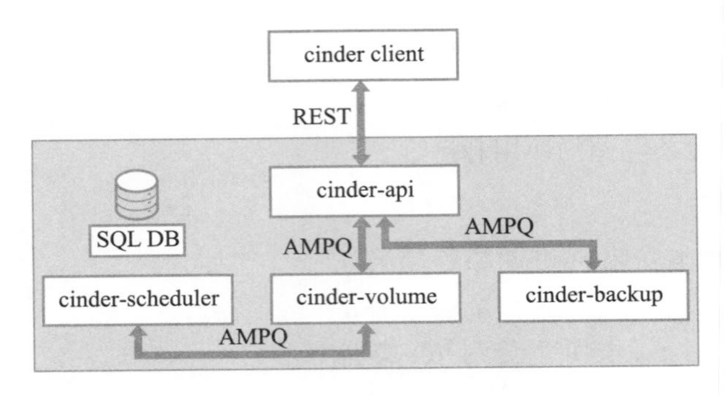

图 3-3 Cinder 系统构架

最少的一个活跃节点来创建卷。

（3）cinder-volume

该服务运行在存储节点上，管理存储空间。每个存储节点都有一个 Volume Service，若干个这样的存储节点联合起来就可以构成一个存储资源池。为了支持不同类型和型号的存储，当前版本的 Cinder 为 Volume Service 添加如下 drivers。

- 本地存储：LVM（iSCSI）、Sheepdog。
- 网络存储：NFS、RBD（Ceph）。
- IBM：Storwize family/SVC（iSCSI/FC）、XIV（iSCSI）、GPFS、ZVM。
- Netapp：NetApp（iSCSI/NFS）。
- EMC：VMAX/VNX（iSCSI）、Isilon（iSCSI）。
- Solidfire：Solidfire cluster（iSCSI）。
- HP：3PAR（iSCSI/FC）、LeftHand（iSCSI）。

任务实施

本任务将实现 Cinder 的部署与基本使用。

（1）环境搭建

利用上节已经搭建完毕的 IaaS 平台的一个分区（本任务使用的是/dev/sdb5）。在 controller 节点执行下列脚本，按顺序安装 Cinder 服务。

```
[root@ controller ~]# iaas-install-cinder-controller. sh
[root@ controller ~]# iaas-install-cinder-compute. sh
```

（2）使用 Cinder 块存储

1）登录 OpenStack。

在浏览器中输入 http://192. 168. 100. 10/dashboard 并按 Enter 键，进入 OpenStack 登录界面。在“域”文本框中输入“demo”，在“用户名”文本框中输入“admin”，在“密码”文本框中输入“000000”，输入完毕后单击“登入”按钮。

2）修改安全规则。

依次选择界面左侧导航栏的“项目→网络→安全组”，接着在界面右侧单击“管理规则”按钮进行安全规则的修改，如图 3-4 所示。

图 3-4　访问安全组

进入管理组安全规则页面，单击右上角“添加规则”按钮，进入添加规则页面，如图 3-5 所示。

一道云云基础架构平台软件　demo ● admin　admin

项目 / 网络 / 安全组 / 管理安全组规则：default (71...

管理安全组规则：default (711ec915-1181-469a-9ced-96ff12773432)

+ 添加规则　删除规则

正在显示 4 项

方向	以太网类型（EtherType）	IP协议	端口范围	远端IP前缀	远端安全组	Description	动作
出口	IPv4	任何	任何	0.0.0.0/0	-	-	删除规则
出口	IPv6	任何	任何	::/0	-	-	删除规则
入口	IPv4	任何	任何	-	default	-	删除规则
入口	IPv6	任何	任何	-	default	-	删除规则

正在显示 4 项

图 3-5　管理安全规则页面

进入添加规则页面，进行规则添加。首先选中当前所有规则，然后单击右上角的“删除规则”按钮。完成删除操作后，单击右上角“添加规则”按钮，添加所有 IMCP、TCP、UDP 协议的入口和出口规则，如图 3-6 所示。

3）创建网络。

依次选择界面左侧导航栏的“管理员→网络→网络”，接着在界面右侧单击“创建网络”按钮，如图 3-7 所示。

① 创建一个网络（外网）。在弹出的“创建网络”对话框中的“名称”文本框中输入“ext-net”，在“项目”下拉菜单中选择“admin”选项，在“供应商网络类型”

下拉菜单中选择“Flat”选项，在“物理网络”文本框中输入“provider”。依次勾选“启用管理员状态”“共享的”“外部网络”“创建子网”4 个复选框，单击右下角的“下一步”按钮，如图 3-8 所示。

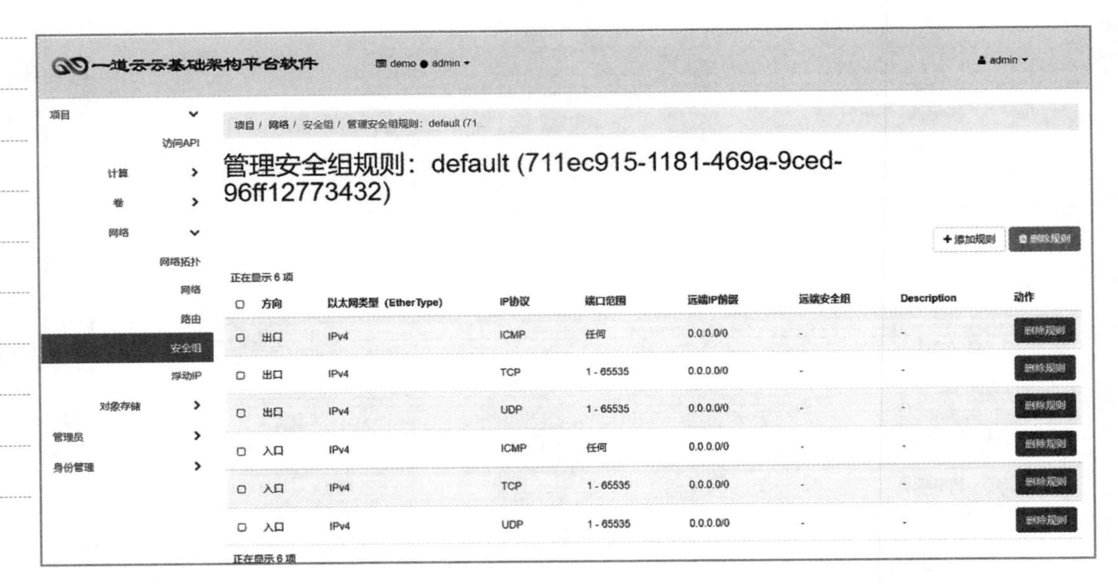

图 3-6　添加安全规则组

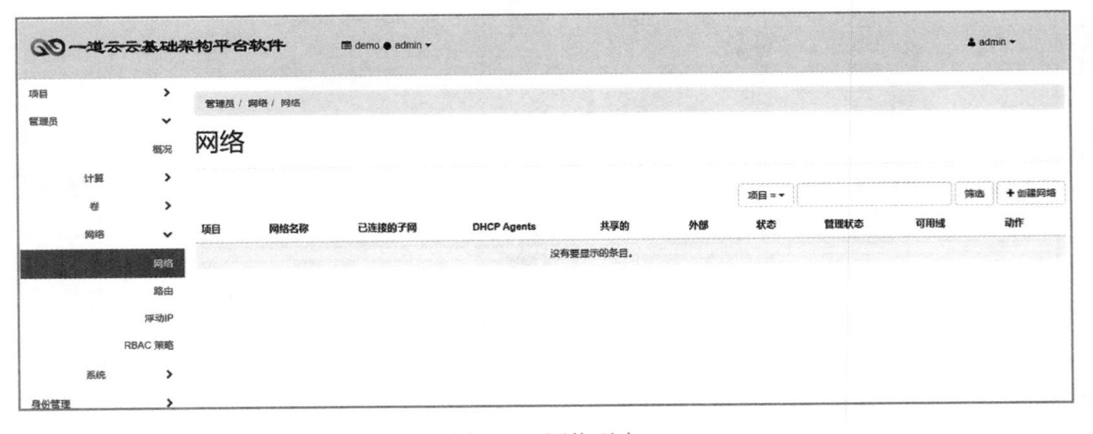

图 3-7　网络列表

② 在“创建网络”对话框的“子网名称”文本框中输入“ext-subnet”，在“网络地址”文本框中输入“11.0.1.0/24”，在“IP 版本”的下拉菜单中选择“IPv4”选项，在“网关 IP”文本框中输入“11.0.1.2”，如图 3-9 所示。完成后单击“下一步”按钮。

③ 在“创建网络”对话框中勾选“激活 DHCP”复选框，在“分配地址池“文本框中输入“11.0.1.100,11.0.1.200”，如图 3-10 所示，完成后单击“创建”按钮。

创建网络 ×

网络 * 子网 子网详情

名称

ext-net

项目 *

admin

供应商网络类型 *

Flat

物理网络 *

provider

☑ 启用管理员状态

☑ 共享的

☑ 外部网络

☑ 创建子网

可用域提示

nova

创建一个新的网络。额外地，网络中的子网可以在向导的下一步中创建。

取消 « 返回 下一步 »

图 3-8 创建外网

创建网络 ×

网络 * 子网 子网详情

子网名称

ext-subnet

网络地址

11.0.1.0/24

IP版本

IPv4

网关IP

11.0.1.2

☐ 禁用网关

创建关联到这个网络的子网。您必须输入有效的"网络地址"和"网关IP"。如果您不输入"网关IP"，将默认使用该网络的第一个IP地址。如果您不想使用网关，请勾选"禁用网关"复选框。点击"子网详情"标签可进行高级配置。

取消 « 返回 下一步 »

图 3-9 创建外网子网信息

图 3-10　创建外网子网

④ 继续创建一个网络（内网）。在弹出的“创建网络”对话框中的“名称”文本框中输入“int-net”，在“项目”的下拉菜单中选择“service”选项，在“供应商网络类型”的下拉菜单中选择“VXLAN”选项，在“段 ID”文本框中输入“101”，依次勾选“启用管理员状态”“共享的”和“创建子网”复选框，单击右下角的“下一步”按钮，完成创建，如图 3-11 所示。

⑤ 在“创建网络”对话框的“子网名称”文本框中输入“int-subnet”，在“网络地址”文本框中输入“192.168.100.0/24”，在“IP 版本”的下拉菜单中选择“IPv4”选项，在“网关 IP”文本框中输入“192.168.100.254”，设置完成之后，单击右下角的“下一步”按钮，如图 3-12 所示。

⑥ 在“创建网络”对话框中，勾选“激活 DHCP”复选框，在“分配地址池”文本框中输入 IP 地址获取范围，完成后单击“创建”按钮，如图 3-13 所示。

4）创建路由。

① 依次选择界面左侧导航栏的“项目→网络→路由”，接着在界面右侧“路由”列表中单击“新建路由”按钮，进行路由的创建，如图 3-14 所示。

图 3-11　创建内网信息

图 3-12　创建内网的子网信息

图 3-13　创建内网的子网

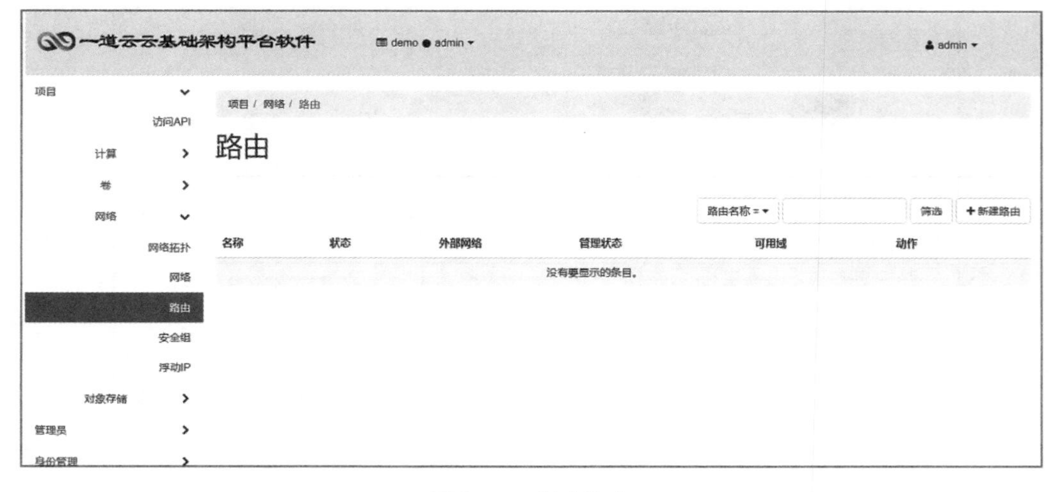

图 3-14　创建路由

② 在弹出的“新建路由”对话框中的“路由名称”文本框中输入“route”，在“外部网络”的下拉菜单中选择“ext-net”选项，勾选“启用管理员状态”“启用 SNAT”复选框，单击右下角的“新建路由”按钮，如图 3-15 所示。

图 3-15　创建路由信息

③ 单击路由名称 route，进入路由详情页面，在“接口”列表中单击“增加接口”按钮，为路由增加接口。在弹出的“增加接口”对话框中的“子网”的下拉菜单中选择“int-net:192.168.100.0/24(int-subnet)”选项，完成后单击右下角的“提交”按钮，如图 3-16 所示。

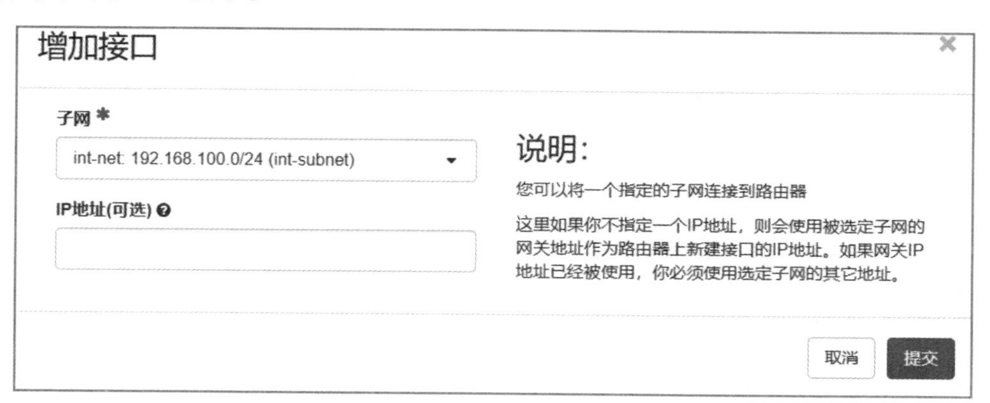

图 3-16　配置增加接口的信息

5）创建云主机。

① 依次选择界面左侧的导航栏“项目→计算→实例”，接着在界面右侧单击“创建实例”按钮，如图 3-17 所示。

② 弹出“创建实例”对话框，在“详情”标签的“可用域”下拉菜单中选择“nova”选项，在“实例名称”文本框中输入“test”，在“数量”文本框中输入

“1”，完成后单击“下一步”按钮，如图 3-18 所示。

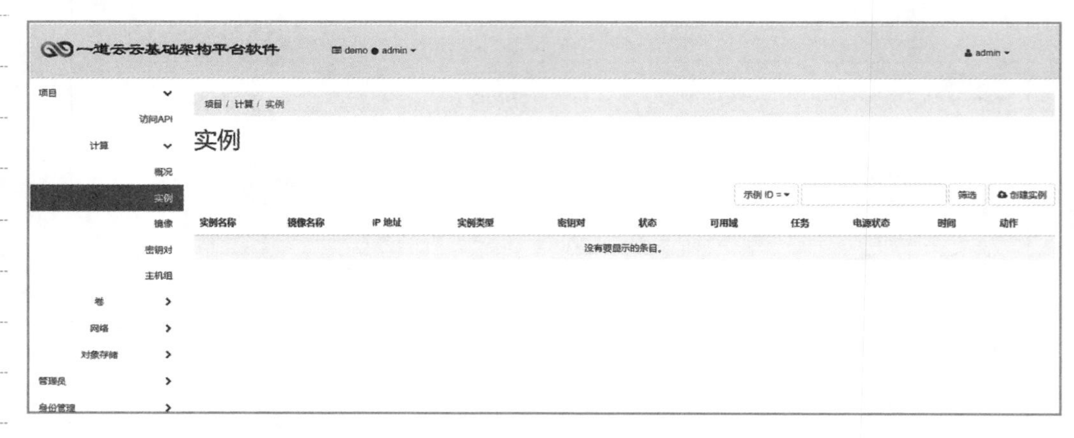

图 3-17　创建实例

图 3-18　配置云主机详情

③ 在“源”标签的“选择源”下拉菜单中选择“镜像”选项，在“创建新卷”选择框中选择“不”选项，在“可用配额”中选择“cirros(12.67 MB)”选项（若没有该镜像，可以返回 controller 节点，使用命令上传镜像）。完成后单击“下一步”按钮，如图 3-19 所示。

④ 在“实例类型”标签的“可用配额”中选择“m1.tiny”，完成后单击“下一步”按钮，如图 3-20 所示。

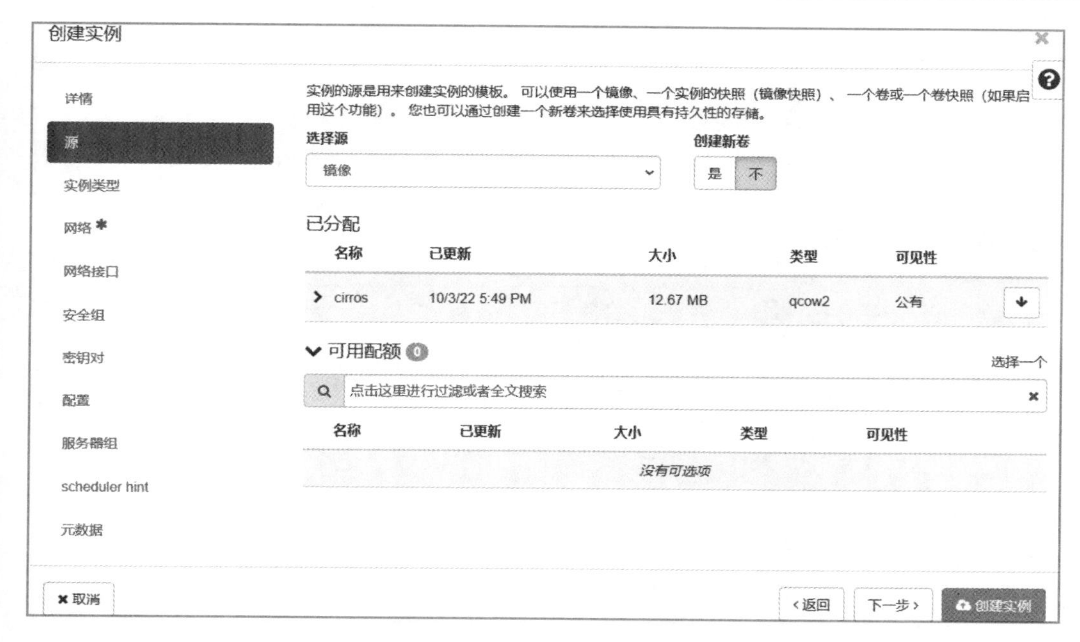

图 3-19　配置实例镜像源

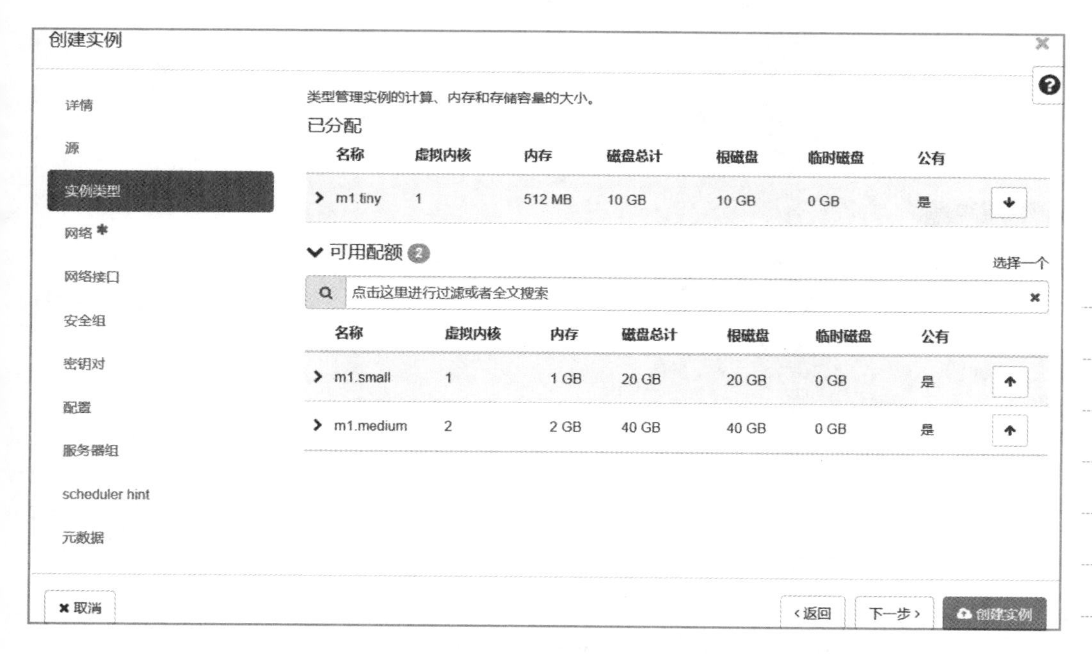

图 3-20　配置实例类型

⑤ 在“网络”标签的“可用配额”中选择“int-net”，完成后单击“创建实例”按钮，如图 3-21 所示。

⑥ 当云主机启动后，在“实例”列表中会创建刚才配置的云主机，在右侧“动作”的下拉菜单中选择“绑定浮动 IP”选项，如图 3-22 所示。

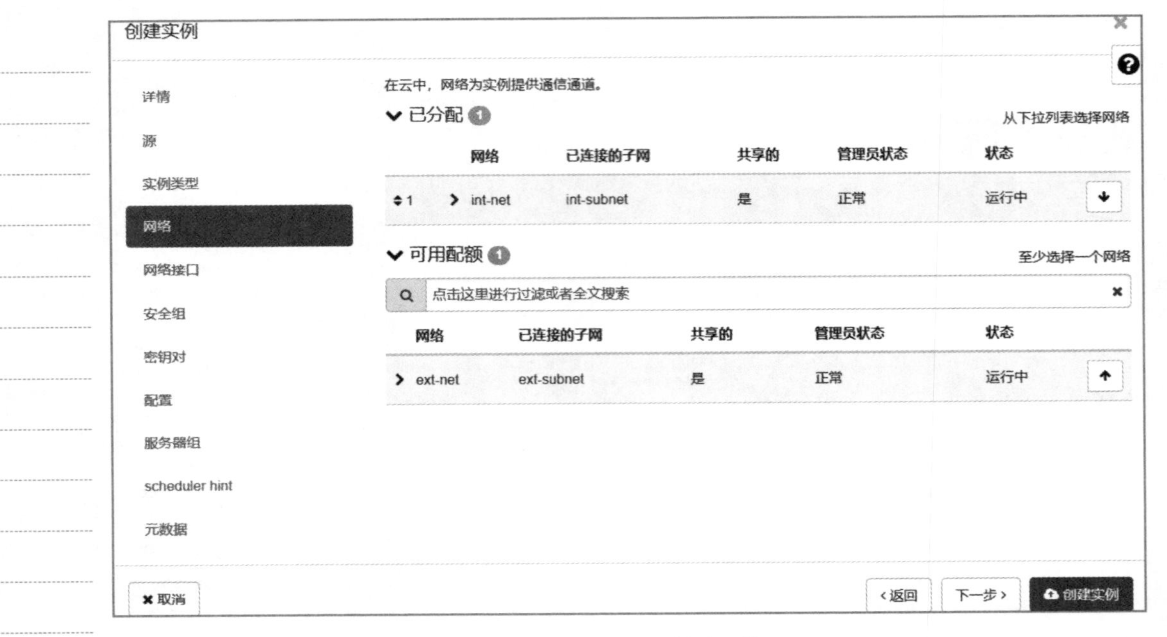

图 3-21　配置示例的网络

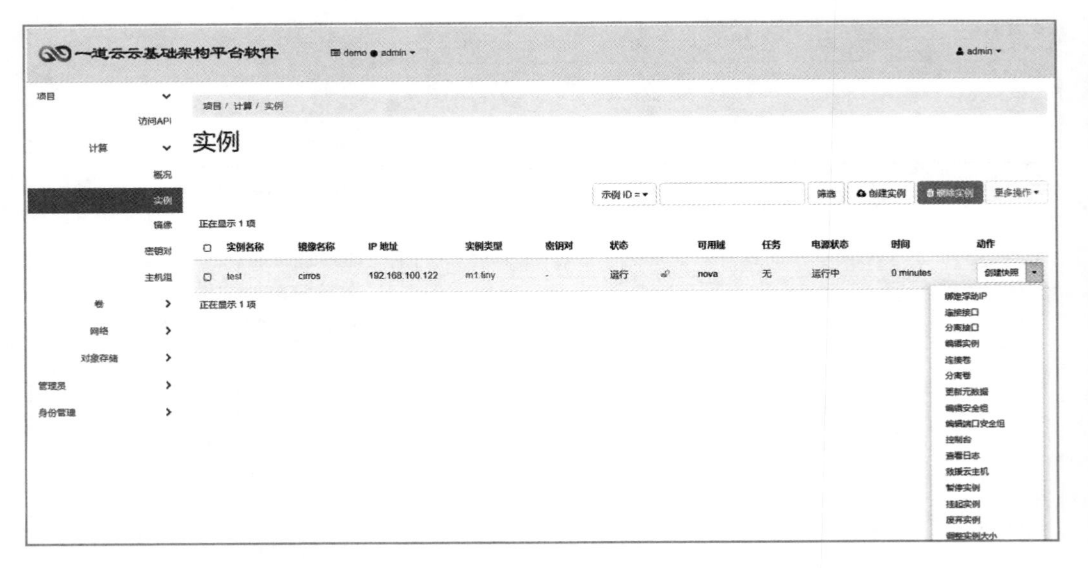

图 3-22　绑定浮动 IP

⑦ 在弹出的“管理浮动 IP 的关联”对话框中，单击“IP 地址”下加号按钮+，如图 3-23 所示。

⑧ 在弹出的“分配浮动 IP”对话框中，保持默认设置，单击右下角的“分配 IP”按钮，如图 3-24 所示。

⑨ 返回“管理浮动 IP 的关联”对话框，保持默认设置，单击“关联”按钮，关联浮动 IP，如图 3-25 所示。

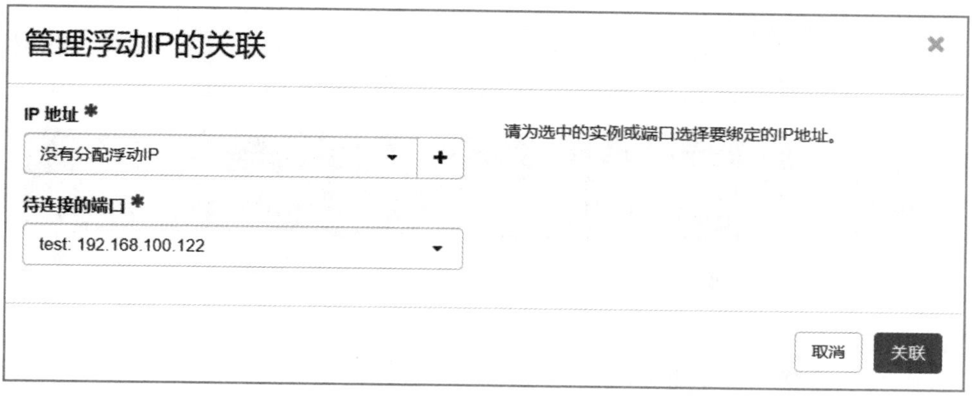

管理浮动IP的关联
IP 地址 *
没有分配浮动IP
待连接的端口 *
test: 192.168.100.122
请为选中的实例或端口选择要绑定的IP地址。
取消
关联

图 3-23　管理浮动 IP 的关联

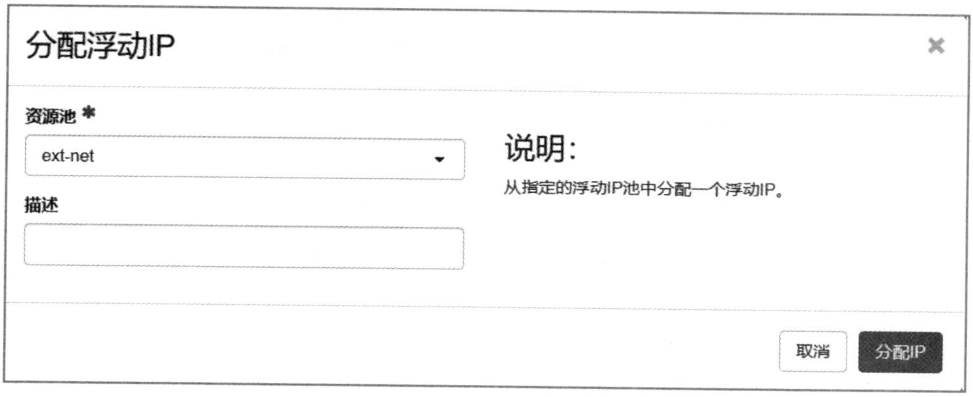

分配浮动IP
资源池 *
ext-net
描述
说明:
从指定的浮动IP池中分配一个浮动IP。
取消
分配IP

图 3-24　分配浮动 IP

管理浮动IP的关联
IP 地址 *
11.0.1.142
待连接的端口 *
test: 192.168.100.122
请为选中的实例或端口选择要绑定的IP地址。
取消
关联

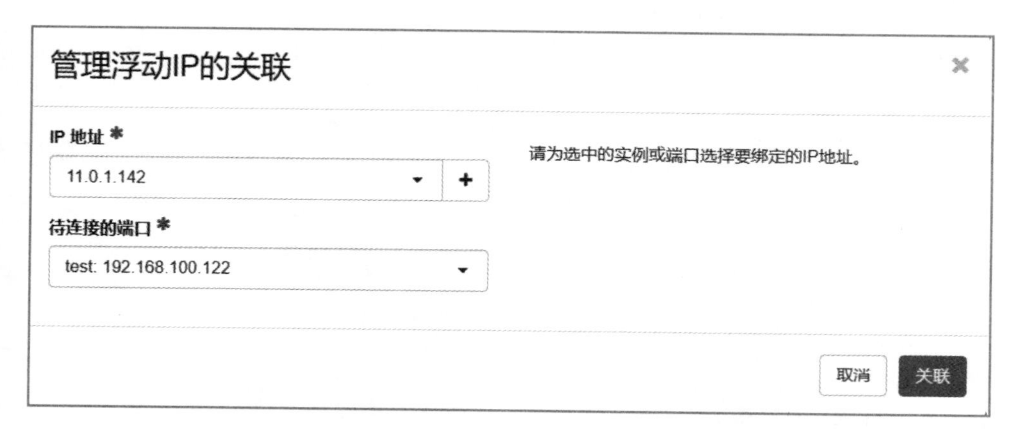

图 3-25　关联浮动 IP

6）登录云主机。

开发者可以在 SecureCRT 中依次输入浮动 IP “11.0.1.142”、账号 “cirros”、密码 “cubswin:)”，来登录云主机，登录完成后如图 3-26 所示。

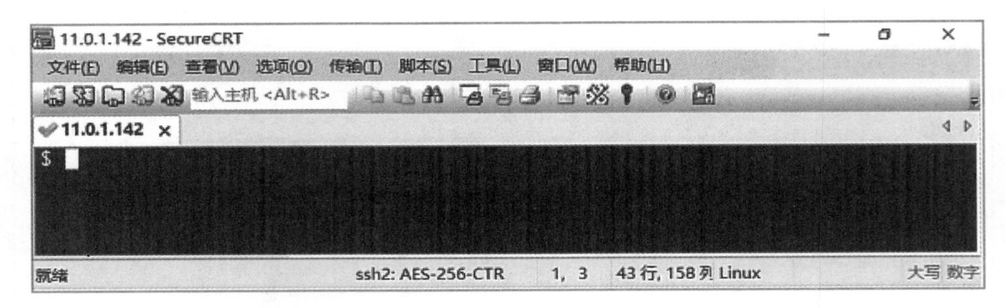

图 3-26 CRT 成功连接云主机

至此可验证登录 OpenStack 成功。接下来查看云主机硬盘。

```
$lsblk
NAME    MAJ:MIN RM SIZE RO TYPE MOUNTPOINT
vda       253:0    0   10G    0 disk
'-vda1    253:1    0   10G    0 part /
```

可以发现主机有一块 vda 的硬盘。

7）云硬盘挂载。

返回到 controller 节点，创建一个卷设备，名称为 test 1。

```
[root@ controller ~]# openstack volume create --size 2 test1
+---------------+--------------------------------------+
| Field               | Value                                  |
+---------------+--------------------------------------+
| attachments         | []                                     |
| availability_zone   | nova                                   |
| bootable            | false                                  |
| consistencygroup_id | None                                   |
| created_at          | 2022-10-03T10:47:03.000000             |
| description         | None                                   |
| encrypted           | False                                  |
| id                  | 95e511f4-2cc2-4e58-a80b-ebce1b723366   |
| migration_status    | None                                   |
| multiattach         | False                                  |
| name                | test1                                  |
| properties          |                                        |
| replication_status  | None                                   |
| size                | 2                                      |
| snapshot_id         | None                                   |
| source_volid        | None                                   |
```

```
| status              | creating                          |
| type                | None                              |
| updated_at          | None                              |
| user_id             | 7a5246f610a3421a88fd608127818be7  |
+---------------------+-----------------------------------+
```

通过上述代码将创建一个名称为 test 1，大小为 2 GB 的卷。可以使用命令 openstack volume list 进行查看。

在 OpenStack 主页面中，依次选择界面左侧导航栏的“项目→计算→实例”，在界面右侧选择“动作”下拉菜单中的“连接卷”选项，如图 3-27 所示。

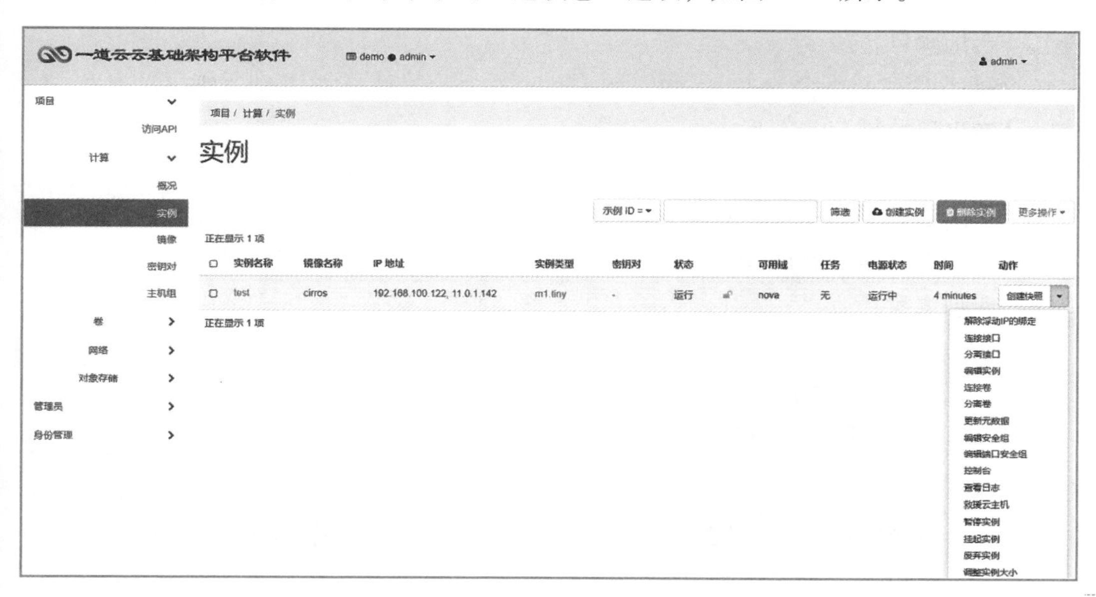

图 3-27　连接云硬盘

在弹出的“连接卷”对话框中的“卷 ID”的下拉菜单中选择刚才创建的云硬盘，然后单击右下角的“连接卷”按钮，如图 3-28 所示。

连接卷

卷 ID *

test1 (95e511f4-2cc2-4e58-a80b-ebce1b723366)

说明:

连接卷到正在运行的实例上

取消　连接卷

图 3-28　连接到云主机

到云主机上查看设备。

```
$lsblk
NAME      MAJ:MIN    RM    SIZE    RO    TYPE   MOUNTPOINT
vda       253:0      0     10G     0     disk
'-vda1    253:1      0     10G     0     part   /
vdb       253:16     0     2G      0     disk
```

可以看到一个大小为2 GB的vdb硬盘。验证Cinder块存储服务成功。

实训文档 任务3.3

项目实训

【实训题目】

本实训将创建一个云主机，并通过Cinder给云主机挂载2 GB的云硬盘。

【实训目的】

1. 掌握OpenStack的配置方法，包括访问安全规则、网络和路由。
2. 掌握如何使用OpenStack创建云主机。
3. 掌握Cinder块存储的创建和如何挂载Cinder块存储到云主机上使用。

【实训内容】

1. 登录OpenStack的Dashboard并完成配置。
2. 创建一台云主机。
3. 创建一个Cinder块存储，大小为2 GB。
4. 连接Cinder块存储到云主机，并使用该块设备。

配置OpenStack Manila共享文件系统

PPT

任务3.4 配置OpenStack Manila共享文件系统

任务描述

1. 了解Manila共享文件系统。
2. 了解Manila的使用环境。
3. 掌握Manila对象存储的构建和使用方法。

微课 配置OpenStack Manila共享文件系统

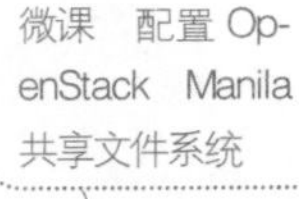

知识学习

1. Manila服务

OpenStack共享文件系统服务（Manila）为虚拟机提供文件存储。共享文件系统服务提供了用于管理和配置文件共享的抽象。该服务还支持共享类型的管理以及共享快照（如果驱动程序支持）。

2. Manila 服务的架构和功能

共享文件系统是通过以下具体服务实现的：

（1）manila-api

一个 WSGI 应用程序，用于对整个共享文件系统服务进行身份验证和路由请求，同时支持 OpenStack API。

（2）manila-data

一个独立的服务，其目的是接收请求，处理潜在长运行时间的数据操作，如复制、共享迁移或备份。

（3）manila-scheduler

安排并将请求路由到适当的共享服务。调度程序使用可配置的过滤器和权重来路由请求。过滤器调度器是默认的，可以对诸如容量、可用性区、共享类型和功能以及自定义过滤器进行过滤。

（4）mania-share

管理提供共享文件系统的后端设备。Manila 共享服务通过使用共享后端驱动程序作为接口与后端设备进行通信。无论是否处理共享服务器，共享驱动程序可以采用两种模式其中的一种进行操作：运行于有共享服务器和无共享服务器。共享服务器通过共享网络导出文件共享。如果共享文件系统服务中的共享服务器没有由驱动程序管理时，应该在共享文件系统服务的带之外处理网络需求。前者需要 Manila 关注组网问题，可使用 Nova、Neutron 和 Cinder 服务管理共享服务器；后者则不处理任何组网问题，可使用 LVM 驱动和 NFS 共享，由用户保证云主机和 NFS 服务器之间的网络连接。

选项 1 部署服务不包含对共享管理的驱动支持（Shared File Systems Option 1：No driver support for share servers management）。在这种模式下，服务不需要任何和网络有关的部署。操作者必须确保实例和 NFS 服务器之间的连接。本选项使用需要包含 LVM 和 NFS 包以及一个额外的命名为 manila-share 的 LVM 卷组的 LVM 驱动器。

选项 2 部署服务包含对共享管理的驱动支持（Shared File Systems Option 2：Driver support for share servers management）。在这种模式下，服务需要计算（Nova）、网络（Neutron）、块存储（Cinder）服务来管理共享服务器。这部分信息用于创建共享服务器，就像创建共享网络一样。本选项使用支持共享服务处理的 generic 驱动器，并且需要一个连接到路由的私网 selfservice。

（5）Messaging Queue（消息列队）

在共享文件系统进程之间路由信息。

（6）Backend Storage Devices（后端共享文件系统）

共享文件服务需要某种形式的后端共享文件系统提供程序，使用块存储服务（Cinder）和服务虚拟机（VM）来提供共享。其他驱动程序用于从各种供应商解决方案中访问共享文件系统。

后端对应着一个共享文件系统实例的提供者。后端在 manila. conf 中进行定义。一个实例必然对应一个后端，而一个后端有且只有一个驱动。通过采用多个后端的方式，可以提供数据服务以保障高可用。

（7）Users and Tenants（Projects）

共享文件系统服务可以为许多不同的云计算消费者或客户（共享系统上的租户）提供基于角色的访问任务。角色控制了允许用户执行的操作。在默认配置中，大多数操作不需要特定的角色，除非只限于管理员，但是可以通过由维护规则的 policy. json 文件中的系统管理员来进行配置。用户管理特定权限受到租户的限制，通过 IP 或用户访问规则，可以保证访客登录和使用的权限。用于控制可用硬件资源的资源消耗的配额是每个租户。对租户而言，配额管制可以限制如下内容。

- 可以创建的共享数量。
- 可供分享的千兆字节数。
- 可以创建的共享快照数量。
- 可以为共享快照提供的千兆字节数。
- 可以创建的共享网络的数量。
- 可以创建的共享组的数量。
- 可以创建的共享组快照的数量。

用户可以使用共享文件系统 CLI 修改默认配额值，因此配额设置的限制是由管理员用户编辑的。

（8）Shares、Snapshots 和 Share networks

- 共享实例（Shares）是一个指定了协议、大小和可访问列表的存储单元，是 Manila 提供的基础原语单元。所有的共享实例都存在于后端，部分共享实例与共享网络和共享服务器相关联。文件系统实例可被多个虚拟机并发访问，支持的主要协议是 NFS 和 CIFS，同时也支持其他协议。
- 快照（Snapshots）是一个共享实例在某一时刻的只读镜像。快照只能用于创建新的共享实例（包含快照数据）。只有在所有相关快照被删除时，共享实例才能被删除。
- 共享网络（Share networks）描述与文件系统实例相关的网络实现，告知 Manila 一组共享文件系统实例使用的安全和网络配置。一个共享网络包括安全服务（Security Service）和涉及的网络及子网（Network/Subnet）。共享网络是一个面向多租户定义的对象，Manila 通过共享网络支持多租户，网络多租户通过标准特性如 VLAN 和 VXLAN 实现。一个共享文件系统实例只能属于一个共享网络。

（9）Share type（共享类型）

共享类型是一个由管理员定义的“服务类型”，它包括一个租户可见的描述和一组租户不可见的键值对列表。Manila 调度器利用此键值对实现对信息进行调度决策。

（10）Extra Spec（额外规格）

额外规格即共享类型中的一组键值对，由 Manila 和后端驱动定义。

（11）安全服务

安全服务指 LDAP、Active Directory、Kerberos 等用户安全服务。安全服务包含 Manila 创建一个服务器加入指定安全域必需的所有信息。一个共享文件系统实例可以被关联到多个安全服务。

（12）Share Drivers（共享驱动）

共享驱动是后端文件共享服务的具体实现，如 Clustered ONTAP、EMC VNX、GlusterFS 等。

（13）Generic Share Driver（通用共享驱动程序）

Manila 为每个共享网络创建一个 Nova 计算实例，Nova 计算实例通过 Cinder 的 Volume 来提供 NFS/CIFS 共享服务，通过 Neturon 连接到现有网络及子网，创建 Nova 实例所必需的 Nova 的 Flavor、Glance 的镜像、SSH Keypair，均通过 Manila 使用 SSH 对 Nova 实例进行配置。

（14）Share Access Rule（共享访问规则）

Manila 通过共享访问规则定义哪些客户端可以访问共享文件系统实例。目前 Manila 支持的访问控制类型包括 IP 地址、用户名和 SSL 认证。

（15）实例生命周期管理

Manila 提供完整的共享文件系统实例生命周期管理，具体包括：创建、删除实例；列出所有实例；获得实例细节信息；生成实例快照；修改实例访问信息；挂载和卸载文件系统实例。

3. Manila 的主要使用场景

Manila 的主要使用场景具体包括：替代自主开发（home-grown）的 NAS 部署工具；支持传统企业应用；按需开发和构建环境；通过 REST API 或命令与现有自动化框架集成；支持云原生工作负载，如 DBaaS；支持大数据，如通过 Manila 的 HDFS 原生驱动插件；提供安全的跨租户文件共享；混合云间共享文件系统。

任务实施

本任务将实现 Manila 的部署和测试。

（1）安装 Manila 服务。

在 controller 节点依次执行 iaas-install-manila-controller. sh 和 iaas-install-manila-compute. sh 脚本即可完成安装。

```
[root@ controller ~]# iaas-install-manila-controller. sh
[root@ controller ~]# iaas-install-manila-compute. sh
```

Manila 安装完成后，可查看 Manila 的状态。

```
[root@ controller ~]# manila service-list
+----+--------+--------+----+--------+-----+---------------------------------------+
| Id | Binary | Host                    | Zone | Status | State | Updated_at |
```

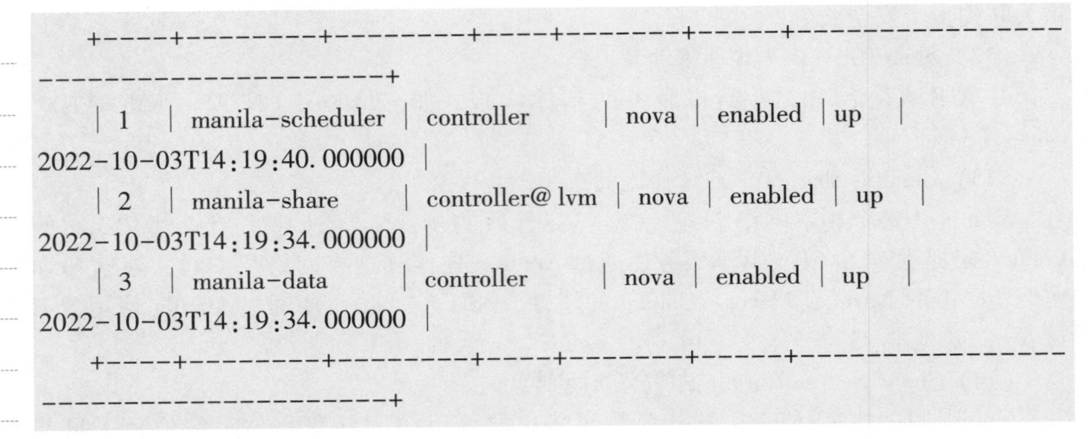

```
+----+---------+---------+----+--------+-----+-----------------
----------------------+
| 1  | manila-scheduler | controller     | nova | enabled | up |
2022-10-03T14:19:40.000000 |
| 2  | manila-share     | controller@lvm | nova | enabled | up |
2022-10-03T14:19:34.000000 |
| 3  | manila-data      | controller     | nova | enabled | up |
2022-10-03T14:19:34.000000 |
+----+---------+---------+----+--------+-----+-----------------
----------------------+
```

（2）创建测试主机。

在 OpenStack 主页面中，创建一台名为“test”的测试云主机，镜像使用 CentOS-7-x86_64-2009.qcow2（若没有该镜像，可以返回到 controller 节点，使用命令上传镜像），规格使用“m1.medium”，网络使用“int-net”，完成后添加浮动 IP，如图 3-29 所示。

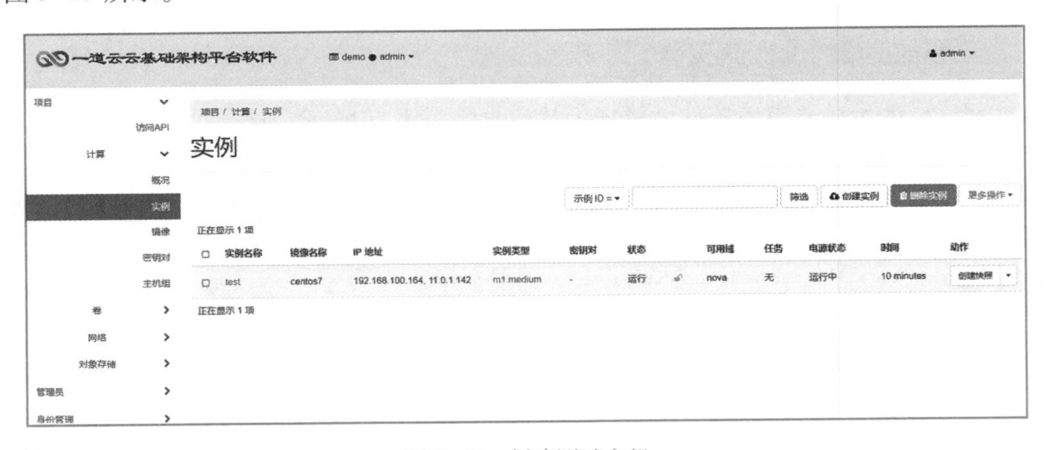

图 3-29　创建测试主机

（3）测试主机创建完成后，使用浮动 IP 通过 SecureCRT 来实现远程登录，如图 3-30 所示。

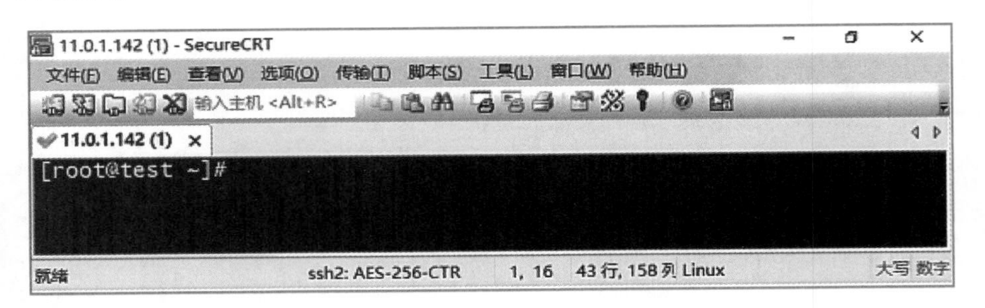

图 3-30　远程登录测试主机

（4）共享文件测试。

返回到controller节点，创建共享类型。

```
[root@ controller ~]# manila type-create default_share_type False
[root@ controller ~]# manila type-list
+--------------------------------------+--------------------+------------+--------
-------------------------------------+----------------------+-------------+
| ID                                   | Name               | visibility | is_
default | required_extra_specs                 | optional_extra_specs | Description |
+--------------------------------------+--------------------+------------+--------
-------------------------------------+----------------------+-------------+
| b06af49a-363c-467d-b6dc-036abefa65d5 | default_share_type | public | YES
| driver_handles_share_servers : False |                      | None        |
+--------------------------------------+--------------------+------------+--------
-------------------------------------+----------------------+-------------+
```

（5）创建共享卷。

```
[root@ controller ~]# manila create NFS 1 --name share1
+---------------------------------------+--------------------------------------+
| Property                              | Value                                |
+---------------------------------------+--------------------------------------+
| status                                | creating                             |
| share_type_name                       | default_share_type                   |
| description                           | None                                 |
| availability_zone                     | None                                 |
| share_network_id                      | None                                 |
| share_server_id                       | None                                 |
| share_group_id                        | None                                 |
| host                                  |                                      |
| revert_to_snapshot_support            | False                                |
| access_rules_status                   | active                               |
| snapshot_id                           | None                                 |
| create_share_from_snapshot_support    | False                                |
| is_public                             | False                                |
| task_state                            | None                                 |
| snapshot_support                      | False                                |
| id                                    | f77a2765-fde7-4514-93f9-d683dc184094 |
| size                                  | 1                                    |
```

```
| source_share_group_snapshot_member_id  | None                             |
| user_id                                | 7a5246f610a3421a88fd608127818be7 |
| name                                   | share1                           |
| share_type                             | b06af49a-363c-467d-b6dc-036abefa65d5|
| has_replicas                           | False                            |
| replication_type                       | None                             |
| created_at                             | 2022-10-03T15:14:24.000000       |
| share_proto                            | NFS                              |
| mount_snapshot_support                 | False                            |
| project_id                             | 31127e219b8e452897e23c8c4ce6efbc |
| metadata                               | {}                               |
+--------------------------------------- +----------------------------------+
[root@ controller ~]# manila list
+--------------------------------------+--------+------+-------------+---------
--------+-------------+------------------+-------------+
| ID                                   | Name   | Size | Share Proto | Status
| Is Public | Share Type Name | Host                       | Availability Zone |
+--------------------------------------+--------+------+-------------+---------
--------+-------------+------------------+-------------+
| f77a2765-fde7-4514-93f9-d683dc184094 | share1 | 1    | NFS         | available
| False | default_share_type | controller@ lvm#lvm-single-pool | nova       |
+--------------------------------------+--------+------+-------------+---------
--------+-------------+------------------+-------------+
```

如果 share 卷处于 available 状态时，则代表创建成功。

```
[root@ controller ~]# lvs
LV                                                 VG              Attr
LSize    Pool                        Origin Data%  Meta%   Move Log  Cpy%Sync
Convert
root                                               centos          -wi-ao----
<49.00g
cinder-volumes-pool                                cinder-volumes  twi-aotz--
19.00g                               0.00          10.57
volume-95e511f4-2cc2-4e58-a80b-ebce1b723366 cinder-volumes  Vwi-a-tz--
2.00g    cinder-volumes-pool     0.00
share-7fff0642-af4e-4ef9-bda5-77e3b9a75f4a         manila-volumes  -wi-ao----
1.00g
```

此时 share 卷对应的块设备逻辑卷（LV）已经创建好，位于卷组（VG）manila-volumes 中。

（6）放通所有主机。

```
[root@controller ~]# manila access-allow share1 ip 0.0.0.0/0
+--------------+--------------------------------------+
| Property     | Value                                |
+--------------+--------------------------------------+
| access_key   | None                                 |
| share_id     | 2a78dfa8-18b4-44d8-8775-9154baf038dd |
| created_at   | 2022-10-03T18:46:58.000000           |
| updated_at   | None                                 |
| access_type  | ip                                   |
| access_to    | 0.0.0.0/0                            |
| access_level | rw                                   |
| state        | queued_to_apply                      |
| id           | 0a80d7a3-1eb4-4c07-bed4-2f4119d4c2c6 |
| metadata     | {}                                   |
+--------------+--------------------------------------+
```

（7）在 test 虚拟机上挂载 share 卷。

```
[root@controller ~]# exportfs -v
/var/lib/manila/mnt/share-ed0c8543-48c2-43d8-8a1e-06e143be4f14

<world>(sync,wdelay,hide,no_subtree_check,sec=sys,rw,secure,no_root_squash,no_all_squash)

[root@test ~]# mount -vt nfs 192.168.100.10:/var/lib/manila/mnt/share-ed0c8543-48c2-43d8-8a1e-06e143be4f14 /mnt/

[root@test ~]# df -h
Filesystem    Size   Used   Avail   Use%   Mounted on
devtmpfs      896M      0   896M     0%    /dev
tmpfs         919M      0   919M     0%    /dev/shm
tmpfs         919M    17M   903M     2%    /run
tmpfs         919M      0   919M     0%    /sys/fs/cgroup
/dev/vda1      40G   852M    40G     3%    /
tmpfs         184M      0   184M     0%    /run/user/0
192.168.100.10:/var/lib/manila/mnt/share-ed0c8543-48c2-43d8-8a1e-06e143be4f14
              976M   2.0M   907M     1%    /mnt
```

实训文档 任务3.4

项目实训

【实训题目】

本实训创建一个带有基础 OpenStack 服务的 OpensStack All in One 云主机。

【实训目的】

1. 掌握 OpenStack Manila 的安装方法，包括访问安全规则、网络和路由。
2. 掌握使用 Manila 创建共享存储的方法。
3. 掌握在云主机中使用 Manila 存储和测试的方法。

【实训内容】

1. 启动和验证 OpenStack All in One 环境，安装和检查 NFS 基础服务，创建测试云主机。
2. 安装 Manila 服务。
3. 创建 Manila 存储。
4. 连接 Manila 存储到测试云主机，并使用和测试共享存储。

使用 Docker 容器引擎的存储系统

任务 3.5 使用 Docker 容器引擎的存储系统

任务描述

1. 了解 Docker 容器引擎服务的基本架构和功能。
2. 掌握 Docker 容器引擎服务的部署和使用方法。
3. 掌握 Docker 容器引擎服务的存储卷的使用方法。

微课 使用 Docker 容器引擎的存储系统

知识学习

1. Docker 简介

Docker 是一个开源的应用容器引擎，让开发者可以打包自己的应用以及依赖包到一个可移植的容器中，然后发布到任何运行的 Linux 机器上，也可以实现虚拟化。容器完全使用沙箱机制，相互之间不会有任何接口。

一个完整的 Docker 主要由以下几个部分组成：

- Docker Client（客户端）。
- Docker Daemon（守护进程）。
- Docker Image（镜像）。
- Docker Container（容器）。

Docker 引擎（Docker Engine）采用 C/S 架构，主要由以下部件组成：

- 服务器（Docker daemon）：后台运行的 Docker daemon 进程。daemon 进程用于管理 Docker 对象，包括镜像（Images）、容器（Containers）、网络（Networks）、

数据卷（Data Volumes）。

- REST 接口：同 daemon 交互的 REST API 接口。
- 客户端（Docker Client）：命令行（CLI）交互客户端。客户端使用 REST API 接口同 Docker daemon 进行访问。Docker 服务的架构如图 3-31 所示。

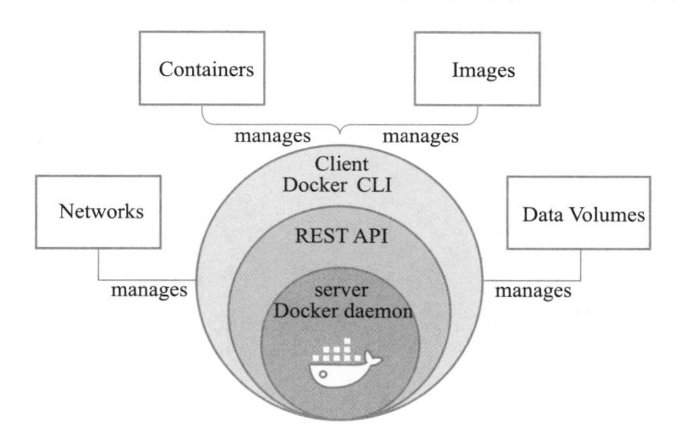

图 3-31　Docker 服务的架构

2. Docker 平台组成

运行一个 Docker 服务，其平台组成包括 Docker daemon 服务器、Docker Client 客户端、Docker Image 镜像、Docker Registry 仓库、Docker Contrainer 容器，如图 3-32 所示。

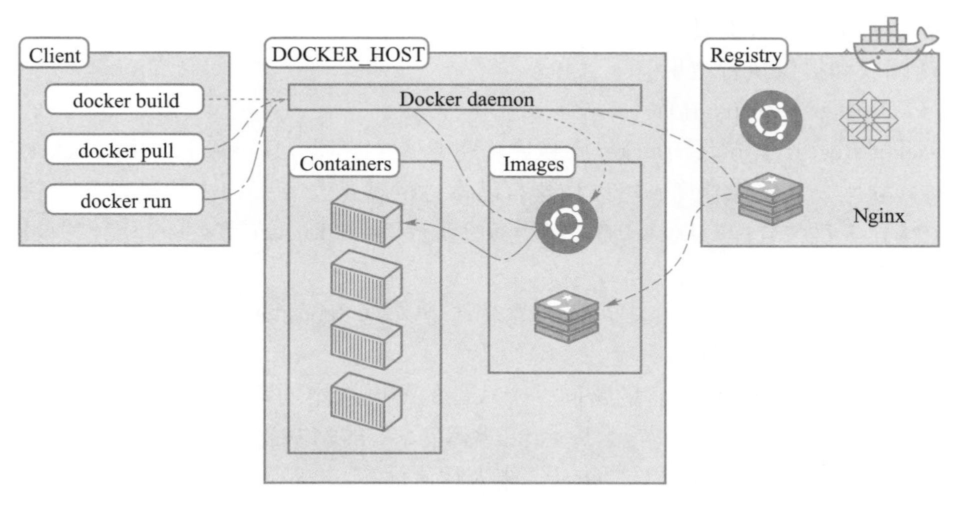

图 3-32　Docker 平台组成

（1）Docker Image 镜像

Docker Image 镜像是一个只读模板，用于创建 Docker 容器，由 Dockerfile 文本描述镜像的内容。镜像定义类似“面对对象的类”，从一个基础镜像（Base Image）开始。构建一个镜像实际就是安装、配置和运行的过程，Docker 镜像基于 UnionFS 把以上过程进行分层（Layer）存储，这样更新镜像可以只更新变化的层。Docker 的描述文件为 Dockerfile，Dockerfile 是一个文本文件，基本指令包括：

- FROM：定义基础镜像。
- MAINTAINER：作者或维护者。
- RUN：运行 Linux 命令。
- ADD：增加文件或目录。
- EVN：定义环境变量。
- CMD：运行进程。

（2）Docker 容器

Docker 容器是一个镜像的运行实例。容器会创建镜像，例如运行 Ubuntu 操作系统镜像，“-i”为前台交互模型，运行命令为“/bin/bash”：

```
$docker run -i -t ubuntu /bin/bash
```

具体运行过程如下：

① 拉取（pull）镜像，Docker Engine 检查 Ubuntu 镜像是否存在，如果本地已经存在，使用该镜像创建容器，如果不存在，Docker Engine 从镜像库拉镜像。

② 使用该镜像创建新容器。

③ 分配文件系统，挂载一个读写层，在读写层加载镜像。

④ 分配网络/网桥接口，创建一个网络接口，让容器和主机通信。

⑤ 从可用的 IP 池选择 IP 地址，分配给容器。

⑥ 执行命令/bin/bash。

⑦ 捕获和提供执行结果。

（3）Docker Registry 仓库

Docker Registry 仓库是 Docker 镜像库，也是一个容器。Docker Hub 是 Docker 公司提供的互联网公共镜像仓库，可以构建自己本地的镜像仓库，国内如阿里云、新浪等公司也构建了镜像仓库。Docker 集群服务则运行承租的 Docker 节点一起工作，目前支持 Swarm 模式。

一个 Docker Registry 节点中可以包含多个仓库（Repository），每个仓库可以包含多个标签（Tag），每个标签对应一个镜像。

一般而言，一个仓库包含的是同一个软件的不同版本的镜像，而标签则用于对应软件的不同版本。可以通过“<仓库名>：<标签>”的格式来指定具体是哪个版本的镜像。如果不给出标签，将以“latest”作为默认标签。

以 Ubuntu 镜像为例，ubuntu 是仓库的名字，其内包含有不同的版本标签，如 14.04、16.04。可以通过 ubuntu:14.04 或者 ubuntu:16.04 来具体指定所需哪个版本的镜像。如果忽略了标签，如 ubuntu，那将视为 ubuntu:latest。

任务实施

1. Docker 的部署与基本使用

（1）部署 Docker。移除本地源，使用阿里源。完成 docker-ce-20.10.12-3.el7.x86_64 的安装以及相关操作。

```
[root@ master ~]# mv /etc/yum.repos.d/* /home/
[root@ master ~]# curl -o /etc/yum.repos.d/CentOS-Base.repo https://mirrors.aliyun.com/repo/Centos-7.repo
[root@ master ~]# sudo yum install -y yum-utils device-mapper-persistent-data lvm2
[root@ master ~]# sudo yum-config-manager --add-repohttps://mirrors.aliyun.com/docker-ce/linux/centos/docker-ce.repo
[root@ master ~]# sudo sed -i 's+download.docker.com+mirrors.aliyun.com/docker-ce+' /etc/yum.repos.d/docker-ce.repo
[root@ master ~]# sudo yum makecache fast
[root@ master ~]# yum -y install docker-ce-20.10.12
[root@ master ~]# systemctl enable --now docker
```

（2）配置 Docker 网络（流量转发）。

```
modprobe br_netfilter
echo "net.ipv4.ip_forward = 1" >> /etc/sysctl.conf
echo "net.bridge.bridge-nf-call-ip6tables = 1" >> /etc/sysctl.conf
echo "net.bridge.bridge-nf-call-iptables = 1" >> /etc/sysctl.conf
sysctl -p
```

（3）完成安装并查看版本（验证安装）。

```
[root@ master ~]# docker info
Client:
 Context:default
 Debug Mode: false
 Plugins:
  app: Docker App (Docker Inc., v0.9.1-beta3)
  buildx: Docker Buildx (Docker Inc., v0.9.1-docker)
  scan: Docker Scan (Docker Inc., v0.17.0)

Server:
 Containers: 0
```

```
  Running: 0
  Paused: 0
  Stopped: 0
 Images: 0
 Server Version: 20.10.12
 Storage Driver: overlay2
  Backing Filesystem: xfs
  Supports d_type: true
  Native Overlay Diff: true
  userxattr: false
 Logging Driver: json-file
 Cgroup Driver: cgroupfs
 Cgroup Version: 1
 Plugins:
  Volume: local
  Network: bridge host ipvlan macvlan null overlay
  Log: awslogs fluentd gcplogs gelf journald json-file local logentries splunk syslog
 Swarm: inactive
 Runtimes: io.containerd.runc.v2 io.containerd.runtime.v1.linux runc
 Default Runtime: runc
 Init Binary: docker-init
 containerd version: 9cd3357b7fd7218e4aec3eae239db1f68a5a6ec6
 runc version: v1.1.4-0-g5fd4c4d
 init version: de40ad0
 Security Options:
  seccomp
   Profile: default
 Kernel Version: 3.10.0-1160.el7.x86_64
 Operating System: CentOS Linux 7 (Core)
 OSType: linux
 Architecture: x86_64
 CPUs: 2
 Total Memory: 3.84GiB
 Name: master
 ID: BHMN:KWDK:VHXH:XTIS:F2JS:74J2:QMH3:6B73:7ELA:AKM5:Z65Q:7K3U
 Docker Root Dir: /var/lib/docker
```

```
Debug Mode: false
Registry: https://index.docker.io/v1/
Labels:
Experimental: false
Insecure Registries:
 127.0.0.0/8
Live Restore Enabled: false
```

（4）调整 Docker 参数。

修改 Docker 启动方式和配置阿里云加速器。

```
[root@master ~]# sudo tee /etc/docker/daemon.json <<-'EOF'
> {
>   "registry-mirrors": ["https://06sf2h0f.mirror.aliyuncs.com"],
>   "exec-opts": ["native.cgroupdriver=systemd"]
> }
> EOF
{
  "registry-mirrors": ["https://06sf2h0f.mirror.aliyuncs.com"],
  "exec-opts": ["native.cgroupdriver=systemd"]
}
[root@master ~]# systemctl restart docker
```

至此，Docker 部署完成。

2. Docker 存储卷的基本使用

拉取 nginx 镜像：

```
[root@master ~]# docker run -itd -v /tmp/data --name nginx nginx:latest
a590ee64e80f3f93ab1526d8319d925949d69dd6922bea7f891c9ad730994123
```

其中，-v 参数会在容器的/tmp/data 目录下创建一个新的数据卷。

用户可以通过 docker inspect 命令查看数据卷在主机中的位置：

```
[root@master ~]# docker inspect nginx
        "Mounts": [
            {
                "Type": "volume",
                "Name":
"6757597d122450da7fedce60c2196f3e4954a708f82433449ef75978ca640415",
                "Source":
```

```
"/var/lib/docker/volumes/6757597d122450da7fedce60c2196f3e4954a708f82433449
ef75978ca640415/_data",
                "Destination": "/tmp/data",
                "Driver": "local",
                "Mode": "",
                "RW": true,
                "Propagation": ""
            }
        ],
```

通过以上操作可以看到/tmp/data 目录已经在 nginx 容器上成功挂载。

3. Docker 持久化存储

拉取一个 http 镜像：

```
[root@ master ~]# docker pull httpd:latest
latest: Pulling from library/httpd
a2abf6c4d29d: Pull complete
dcc4698797c8: Pull complete
41c22baa66ec: Pull complete
67283bbdd4a0: Pull complete
d982c879c57e: Pull complete
Digest: sha256:0954cc1af252d824860b2c5dc0a10720af2b7a3d3435581ca788dff8480c7b32
Status: Downloaded newer image for httpd:latest
docker.io/library/httpd:latest
```

创建一个名称为 conf 的卷并查看。

```
[root@ master ~]# docker volume create conf
conf
[root@ master ~]# docker volume ls
DRIVER      VOLUME NAME
local       conf
[root@ master ~]# docker volume inspect conf
[
    {
        "CreatedAt": "2022-10-04T22:45:15+08:00",
        "Driver": "local",
        "Labels": {},
        "Mountpoint": "/var/lib/docker/volumes/conf/_data",
```

```
            "Name": "conf",
            "Options": {},
            "Scope": "local"
        }
    ]
```

创建主页文件。

```
[root@ master ~]# mkdir -p /apache/html
[root@ master ~]# echo "Hello World" > /apache/html/index. html
```

运行 httpd 容器，添加 Volume。

```
[root@ master ~]# docker run -itd --name http-test -p 8080:80 -v conf:/usr/local/apache2/conf --mount type=bind,source=/apache/html,target=/usr/local/apache2/htdocs httpd
300fa4f42da280c7311107ffa48b2307ec33b237f4064bb8cda2985098242920
```

完成后在浏览器地址栏中输入“11. 0. 1. 100:8080”并按 Enter 键访问网页，效果如图 3-33 所示。

图 3-33　浏览器访问测试

项目实训

【实训题目】

本实训部署一台 Docker 引擎服务器并使用存储卷。

【实训目的】

1. 掌握 Docker 的安装和使用方法。
2. 掌握 Docker 存储卷的创建和使用方法。

【实训内容】

1. 部署一台 Docker 虚拟机及相关软件资源包和安装源。
2. 安装 Docker 服务。
3. 导入和拉取 Docker 镜像。
4. 创建和测试 Docker 存储卷。
5. 在 Docker 容器中使用 Docker 存储卷。

使用 Kubernetes 容器云的存储系统

PPT

任务 3.6 使用 Kubernetes 容器云的存储系统

任务描述

1. 了解 Kubernetes 容器云服务的基本架构和功能。
2. 掌握 Kubernetes 容器云服务的快速部署和使用。
3. 掌握 Kubernetes 容器云服务的基本存储的使用。

微课 使用 Kubernetes 容器云的存储系统

知识学习

1. Kubernetes 简介

Kubernetes 是开源的容器集群管理系统，其提供应用部署、维护、扩展机制等功能，如图 3-34 所示。利用 Kubernetes 能方便地管理跨机器运行容器化的应用，其主要功能总结如下：

- 使用 Docker 对应用程序包装（Package）、实例化（Instantiate）、运行（Run）。
- 以集群的方式运行、管理跨机器的容器。

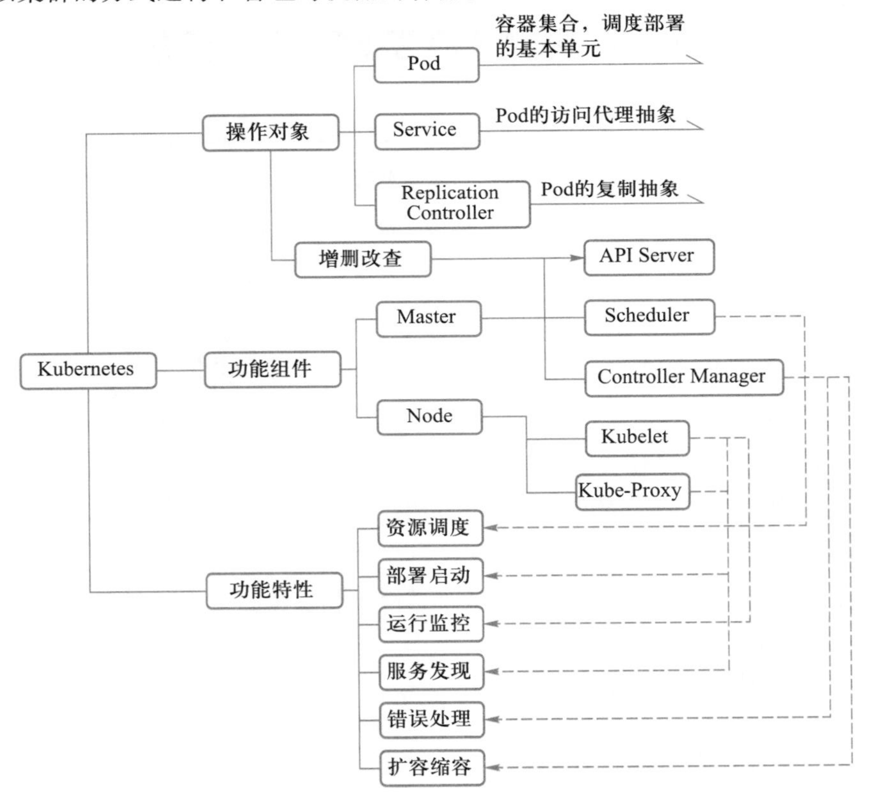

图 3-34 Kubernetes 的功能结构

- 解决 Docker 跨机器容器之间的通信问题。
- 自我修复机制使得容器集群总是运行在用户期望的状态。

2. Kubernetes 集群平台组成结构

Kubernetes 集群平台包含两种角色，一种是 Master 节点，负责集群调度、对外接口、访问控制、对象的生命周期维护等工作；另一种是 Node 节点，负责维护容器的生命周期，如创建、删除、停止 Docker 容器，负责容器的服务抽象和负载均衡等工作。其中在 Master 节点上，运行着三个核心组件：API Server、Scheduler 和 Controller Mananger。Node 节点上运行两个核心组件：Kubelet 和 Kube-Proxy。API Server 提供 Kubernetes 集群访问的统一接口，Scheduler、Controller Manager、Kubelet、Kube-Proxy 等组件都通过 API Server 进行通信，API Server 将 Pod、Service、Replication Controller、Daemonset 等对象存储在 ETCD 集群中。ETCD 是 CoreOS 开发的高效、稳定的强一致性 Key-Value 数据库，ETCD 本身可以搭建成集群对外服务，它负责存储 Kubernetes 所有对象的生命周期，是 Kubernetes 的核心的组件。各个组件之间的关系详情如图 3-35 所示。

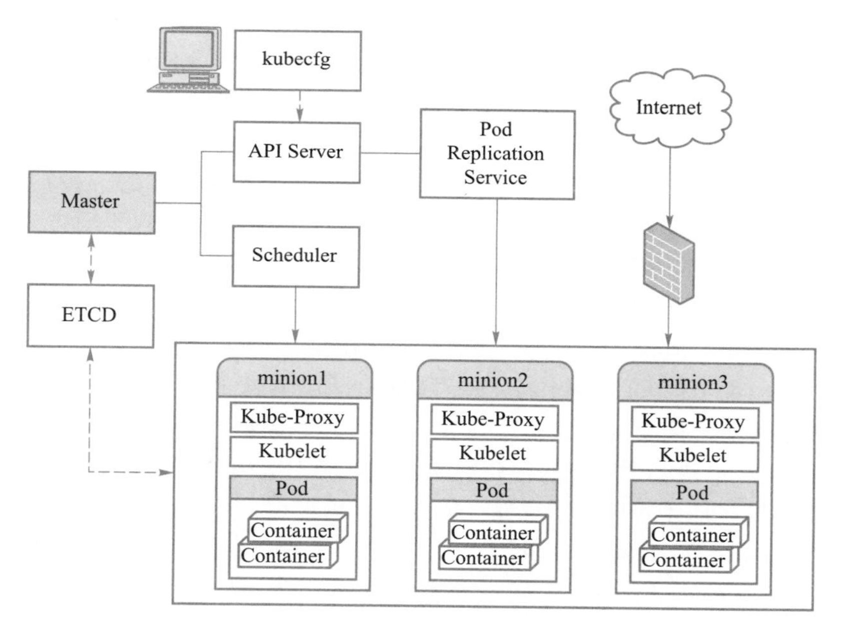

图 3-35　Kubernetes 集群服务各组件关系

下面介绍 Kubernetes 的核心组件的功能：

- API Server：提供了资源对象的唯一操作入口，其他所有的组件都必须通过它提供的 API 来操作资源对象。它以 RESTful 风格的 API 对外提供接口。所有 Kubernetes 资源对象的生命周期维护都是通过调用 API Server 的接口来完成，例如，用户通过 kubectl 创建一个 Pod，即是通过调用 API Server 的接口创建一个 Pod 对象，并储存在 ETCD 集群中。

- Controller Manager：集群内部的管理控制中心，主要目的是实现 Kubernetes 集群的故障检测和自动恢复等工作。它包含两个核心组件：Node Controller 和 Replication Controller。其中 Node Controller 负责计算节点的加入和退出，可以通过 Node Controller 实现计算节点的扩容和缩容。Replication Controller 用于 Kubernetes 资源对象 Replication Controller 的管理，应用的扩容、缩容以及滚动升级。
- Scheduler：集群中的调度器，负责 Pod 在集群的中的调度和分配。
- Kubelet：负责本 Node 节点上 Pod 的创建、修改、监控、删除等 Pod 的全生命周期管理，Kubelet 实时向 API Server 发送所在计算节点（Node）的信息。
- Kube-Proxy：实现 Service 的抽象，为一组 Pod 抽象的服务（Service）提供统一接口并提供负载均衡功能。

3. Kubernetes 的后端存储技术

对于有状态的应用和对数据有持久化的应用，虽然可以通过 hostPath 或者 emptyDir 的方式来持久化数据，但是显然还需要更加可靠的存储来保存应用的持久化数据，这样容器在重建后，依然可以使用之前的数据。但是存储资源、CPU 资源以及内存资源有很大不同，为了屏蔽底层的技术实现细节，让用户更加方便地使用，Kubernetes 便引入了 PV 和 PVC 两个重要的资源对象来实现对存储的管理。

- PV（Persistent Volume，持久化卷），是对底层的共享存储的一种抽象，PV 由管理员进行创建和配置，它和具体的底层共享存储技术的实现方式有关，如 Ceph、GlusterFS、NFS 等，都是通过插件机制完成与共享存储的对接。
- PVC（Persistent Volume Claim，持久化卷声明），是用户存储的一种声明，PVC 和 Pod 类似，Pod 消耗的是节点，PVC 消耗的是 PV 资源，Pod 可以请求 CPU 和内存，而 PVC 可以请求特定的存储空间和访问模式。对于真正使用存储的用户不需要关心底层的存储实现细节，只需要直接使用 PVC 即可。

但是通过 PVC 请求到一定的存储空间也有可能无法满足应用对于存储设备的各种需求，而且不同的应用程序对于存储性能的要求可能也不尽相同，如读写速度、并发性能等。为了解决这一问题，Kubernetes 又引入了一个新的资源对象：StorageClass。通过 StorageClass 的定义，管理员可以将存储资源定义为某种类型的资源，如快速存储、慢速存储等，用户根据 StorageClass 的描述就可以非常直观地知道各种存储资源的具体特性，可以根据应用的特性去申请合适的存储资源。

任务实施

1. Kubernetes 单节点部署（All-in-One）模式

本任务使用 kubeasz 部署工具，它可以提供快速部署高可用 Kubernetes 集群的工具，基于二进制方式部署和利用 ansible-playbook 实现自动化。

（1）基础系统配置。

准备一台虚拟机，配置为内存 4 GB，硬盘 30 GB 以上，最小化安装 CentOS 7.9，并配置基础网络、更新源、SSH 登录等。

注意：确保在未曾安装过 kubeadm 或其他 Kubernetes 发行版的环境下安装。

（2）下载工具脚本 ezdown。（可运行 ./ezdown 查看更多关于 ezdown 的参数）

```
export release=3.1.1
wget https://github.com/easzlab/kubeasz/releases/download/${release}/ezdown
chmod +x ./ezdown
```

（3）下载 kubeasz 代码、二进制、默认容器镜像。

在国内环境使用工具脚本下载命令如下：

```
./ezdown -D
```

在国外环境使用工具脚本下载命令如下：

```
#./ezdown -D -m standard
```

【可选】下载额外容器镜像（Cilium、Flannel、Prometheus 等）：

```
./ezdown -X
```

【可选】下载离线系统包（适用于无法使用 yum/apt 仓库情形）：

```
./ezdown -P
```

上述脚本运行成功后，所有文件（kubeasz 代码、二进制、离线镜像）均已整理好放入目录/etc/kubeasz 下，其中：

- /etc/kubeasz 包含 kubeasz 版本为${release} 的发布代码。
- /etc/kubeasz/bin 包含 k8s/etcd/docker/cni 等二进制文件。
- /etc/kubeasz/down 包含集群安装时需要的离线容器镜像。
- /etc/kubeasz/down/packages 包含集群安装时需要的系统基础软件。

（4）安装集群。

容器化运行 kubeasz：

```
./ezdown -S
```

使用默认配置安装 aio 集群：

```
#docker exec -it kubeasz ezctl start-aio
```

如果安装失败，可使用如下命令重新安装 aio 集群：

```
#docker exec -it kubeasz ezctl setup default all
```

（5）使用 kubectl version 命令可以验证集群版本。

```
[root@ master ~]# kubectl version
Client Version: version. Info{Major:"1", Minor:"22", GitVersion:"v1. 22. 2",
GitCommit:"8b5a19147530eaac9476b0ab82980b4088bbc1b2", GitTreeState:"clean",
BuildDate:"2021-09-15T21:38:50Z", GoVersion:"go1. 16. 8", Compiler:"gc",
Platform:"linux/amd64"}
Server Version: version. Info{Major:"1", Minor:"22", GitVersion:"v1. 22. 2",
GitCommit:"8b5a19147530eaac9476b0ab82980b4088bbc1b2", GitTreeState:"clean",
BuildDate:"2021-09-15T21:32:41Z", GoVersion:"go1. 16. 8", Compiler:"gc",
Platform:"linux/amd64"}
```

如果提示“kubectl：command not found”，可退出并重新登录SSH，环境变量生效即可。其他可以测试的命令如下，读者可以自行选择：

```
# kubectl get node          # 验证节点就绪(Ready)状态
#kubectl get pod -A         # 验证集群Pod状态,默认已安装网络插件、coredns、
                            # metrics-server等
#kubectl get svc -A         # 验证集群服务状态
```

（6）PV和PVC的使用。

定义PV，文件名为pv. yaml，在本地创建一个大小为2GB的PV卷，挂载到/var/lib/mysql下，名称为pv-test。

```
[root@ master ~]# cat pv. yaml
apiVersion: v1
kind: PersistentVolume
metadata:
  name: pv-test
  labels:
    type: local              #定义类型
spec:
  accessModes:
  - ReadWriteOnce            #定义操作权限
  capacity:
    storage: 2Gi             #定义PV的限制大小
  storageClassName: local-test#自定义定义存储的类名
  hostPath:
    path: /var/lib/mysql     #定义挂载位置
```

（7）执行创建并查看PV卷状态。

```
[root@ master ~]# kubectl apply -f pv. yaml
persistentvolume/pv-test created
[root@ master ~]# kubectl get pv pv-test
NAME        CAPACITY   ACCESS MODES   RECLAIM POLICY
STATUS        CLAIM   STORAGECLASS   REASON   AGE
pv-test     2Gi        RWO                    Retain
Available               local-test                     5s
```

(8) 创建 PVC 并与 PV 绑定。

```
[root@ master ~]# cat pvc. yaml
apiVersion: v1
kind: PersistentVolumeClaim
metadata:
  name: pvc-test
  labels:
    type: local                      #定义类型
spec:
  accessModes:
  - ReadWriteOnce                    #定义操作权限
  resources:
    requests:
      storage: 2Gi                   #定义要申请的空间大小
  storageClassName: local-test       #自定义存储的类名,要与之前定义 PV 的
                                     #storageClassName 名称一致

[root@ master ~]# kubectl apply -f pvc. yaml
```

(9) 查看 PVC 状态。

```
[root@ master ~]# kubectl get pvc
NAME     STATUS   VOLUME     CAPACITY   ACCESS MODES
STORAGECLASS    AGE
pvc-test  Bound   pv-test    2Gi        RWO
local-test      4s
```

当状态显示为 Bound 时，说明绑定成功。

2. 在 Kubernetes 中使用 NFS 作为后端存储

(1) 安装 NFS 服务。

```
[root@master ~]# yum install -y nfs-utils rpcbind
```

（2）创建共享目录。

```
[root@master ~]# mkdir -p /data/nfs
```

（3）配置 NFS 服务，共享相关目录，配置共享权限为 rw（可读可写）。

```
[root@master ~]# cat /etc/exports
/root/nfs 11.0.1.0/24(rw,sync,no_root_squash)
```

（4）重启服务。

```
[root@master ~]# systemctl restart nfs rpcbind
```

（5）创建 Pod 调用 NFS。

```
[root@master ~]# cat pod-nfs.yaml
apiVersion: v1
kind: Pod
metadata:
  name: volume-nfs
spec:
  containers:
  - name: nginx
    image: nginx
    ports:
    - containerPort: 80
    volumeMounts:                #将 nginx-volume 挂载到容器 nginx 的/usr/share/
                                 #nginx/html 目录
    - name: nginx-volume
      mountPath: /usr/share/nginx/html
  volumes:                       #数据卷配置
  - name: nginx-volume
    nfs:                         #数据卷类型
      server: 11.0.1.200         #NFS 服务器 IP 地址
      path: /data/nfs            #共享文件目录路径
```

（6）启动 Pod。

```
[root@master ~]# kubectl apply -f pod-nfs.yaml
```

（7）创建文件进行测试。

```
[root@ master ~]# cd /data/nfs/
[root@ master nfs]# touch test
```

（8）进入容器进行验证。

```
[root@ master nfs]# kubectl exec volume-nfs -it /bin/bash
root@ volume-nfs:/# ls /usr/share/nginx/html/
test
```

如果与本地创建文件一致，则说明 NFS 调用成功。

3. 在 Kubernetes 中使用 iSCSI 作为后端存储

本实验环境为虚拟机，由于当前系统创建时只有一块磁盘，分区占用所有空间，因此为完成实验，需要额外添加一块硬盘，进行磁盘分区，并且格式化为 XFS。

（1）构建新磁盘分区。

```
[root@ master ~]# lsblk
NAME                MAJ:MIN   RM   SIZE   RO   TYPE   MOUNTPOINT
sda                   8:0     0    50G    0    disk
├──sda1               8:1     0    1G     0    part   /boot
└──sda2               8:2     0    49G    0    part
   └──centos-root   253:0     0    49G    0    lvm    /
sdb                   8:16    0    20G    0    disk

[root@ master ~]#fdisk /dev/sdb
Welcome to fdisk (util-linux 2.23.2).

Changes will remain in memory only, until you decide to write them.
Be careful before using the write command.

Device does not contain a recognized partition table
Building a new DOS disklabel with disk identifier 0x3127620d.

Command (m for help): n
Partition type:
   p   primary (0 primary, 0 extended, 4 free)
   e   extended
Select (default p): p
Partition number (1-4, default 1):
First sector (2048-41943039, default 2048):
```

```
Using default value 2048
Last sector, +sectors or +size{K,M,G} (2048-41943039, default 41943039): +5G
Partition 1 of type Linux and of size 5 GiB is set

Command (m for help): p

Disk /dev/sdb: 21.5 GB, 21474836480 bytes, 41943040 sectors
Units = sectors of 1 * 512 = 512 bytes
Sector size (logical/physical): 512 bytes / 512 bytes
I/O size (minimum/optimal): 512 bytes / 512 bytes
Disk label type: dos
Disk identifier: 0x3127620d

   Device Boot      Start         End      Blocks   Id  System
/dev/sdb1            2048    10487807     5242880   83  Linux

Command (m for help): w
The partition table has been altered!

Calling ioctl() to re-read partition table.
Syncing disks.
[root@master ~]# partprobe
```

（2）格式化新磁盘分区。

```
[root@master ~]# mkfs.xfs -f /dev/sdb1
meta-data=/dev/sdb1         isize=512     agcount=4,          agsize=327680 blks
         =                  sectsz=512    attr=2,        projid32bit=1
         =                  crc=1         finobt=0,           sparse=0
data     =                  bsize=4096    blocks=1310720,  imaxpct=25
         =                  sunit=0       swidth=0 blks
naming   =version 2         bsize=4096    ascii-ci=0             ftype=1
log      =internal log      bsize=4096    blocks=2560,        version=2
         =                  sectsz=512    sunit=0 blks, lazy-count=1
realtime =none              extsz=4096    blocks=0,          rtextents=0
```

（3）安装 iSCSI 服务。

```
[root@master ~]# yum install -y targetcli iscsi-initiator-utils
```

（4）配置 iSCSI 服务。

```
[root@ master ~]# targetcli
Warning: Could not load preferences file /root/.targetcli/prefs.bin.
targetcli shell version 2.1.53
Copyright 2011-2013 by Datera, Inc and others.
For help on commands, type 'help'.

/> /backstores/block create lun0 /dev/sdb1          #支持自定义名称,服务推荐使用
                                                    #lun+number,以 0 开始
Created block storage object lun0 using /dev/sdb1.
/> /iscsi create                                    #支持自定义,若直接创建则可
                                                    #按 Enter 键即随机产生,此
                                                    #iqn 为 iSCSI 服务唯一标识
Created target iqn.2022-11.org.linux-iscsi.master.x8664:sn.f5489c803a35.
Created TPG 1.
Global pref auto_add_default_portal=true
Created default portal listening on all IPs (0.0.0.0), port 3260.
/> /iscsi/iqn.2022-11.org.linux-iscsi.master.x8664:sn.f5489c803a35/tpg1/acls
create iqn.2022-11.org.linux-iscsi.master.x8664:sn.f5489c803a35
Created Node ACL for iqn.2022-11.org.linux-iscsi.master.x8664:sn.f5489c803a35
/> /iscsi/iqn.2022-11.org.linux-iscsi.master.x8664:sn.f5489c803a35/tpg1/luns
create /backstores/block/lun0   #选择之前创建的 lun0,产生块存储设备调用映射关系
Created LUN 0.
Created LUN 0->0 mapping in node ACL iqn.2022-11.org.linux-iscsi.master.x8664:
sn.f5489c803a35
/> exit
Global pref auto_save_on_exit=true
Configuration saved to /etc/target/saveconfig.json
```

（5）配置 iSCSI 服务认证文件。

```
[root@ master ~]# vi /etc/iscsi/initiatorname.iscsi
InitiatorName=iqn.2022-11.org.linux-iscsi.master.x8664:sn.f5489c803a35
                                                  #创建时产生的随机 iqn 号
```

（6）重启 iSCSI 服务。

```
[root@ master ~]# systemctl restart target iscsi iscsid
```

（7）创建 PV 卷。

```
[root@ master ~ ]# cat pv-iscsi. yaml
apiVersion: v1
kind: PersistentVolume
metadata:
  name: pv-iscsi
spec:
  capacity:
    storage: 5Gi
  accessModes:
    - ReadWriteOnce
  iscsi:
    targetPortal: 11.0.1.200:3260
    iqn: iqn.2022-11.org.linux-iscsi.master.x8664:sn.f5489c803a35
    lun: 0
    fsType: xfs
readOnly: false
```

（8）创建 PVC。

```
[root@ master ~ ]# cat pvc-iscsi. yaml
apiVersion: v1
kind: PersistentVolumeClaim
metadata:
  name: pvc-iscsi
spec:
  accessModes:
    - "ReadWriteOnce"
  resources:
    requests:
      storage: 5Gi
  volumeName: pv-iscsi
```

（9）创建一个 Pod 用于测试。

```
[root@ master ~ ]# cat pod-iscsi. yaml
apiVersion: v1
kind: Pod
metadata:
  name: pod-iscsi
spec:
```

```
    containers:
    - name: centos
      image: centos:latest
      command: ["/bin/sh","-c","while true;do echo pod1 >> /root/out.txt; sleep 30; done;"]
      volumeMounts:
      - name: volume
        mountPath: /mnt
    volumes:
    - name: volume
      persistentVolumeClaim:
        claimName: pvc-iscsi
        readOnly: false
```

（10）本地挂载测试。

```
[root@master ~]# mount /dev/sdc /mnt/
[root@master ~]# lsblk
NAME              MAJ:MIN  RM  SIZE  RO  TYPE  MOUNTPOINT
sda                 8:0     0  50G    0  disk
├─sda1              8:1     0   1G    0  part  /boot
└─sda2              8:2     0  49G    0  part
  └─centos-root   253:0     0  49G    0  lvm   /
sdb                 8:16    0  20G    0  disk
└─sdb1              8:17    0   5G    0  part
sdc                 8:32    0   5G    0  disk  /mnt
```

创建一个文件：

```
[root@pod-iscsi mnt]# touch iscsi-test
```

进入容器查看是否有该文件：

```
[root@pod-iscsi /]# cd /mnt/
[root@pod-iscsi mnt]# ls
iscsi-test
```

如果与本地文件一致，则说明挂载成功。

项目实训

【实训题目】

本实训部署一台 Kubernetes 容器云服务器并使用存储。

实训文档 任务3.6

【实训目的】

1. 掌握 Kubernetes 容器云服务的快速安装和使用方法。
2. 掌握 Kubernetes 容器云中存储卷的创建和使用方法。

【实训内容】

1. 部署一台 Kubernetes 容器云服务虚拟机，并部署相关软件资源包和安装源。
2. 快速安装和部署 Docker 基础服务和 Kubernetes 容器云服务。
3. 在 Kubernetes 容器云服务环境中使用存储卷。

单元小结

本单元主要讲解了 OpenStack 私有云的搭建和使用、Swift 对象存储的搭建和使用、Cinder 块存储的搭建和使用、Manila 网络存储的搭建和使用、Docker 容器服务构建和存储卷的使用、Kubernetes 容器云服务构建和网络存储类使用。通过学习，读者可以熟练地掌握 Cinder、Swift、Manila 的使用方法，容器存储卷和容器云存储类的使用方法，能够解决很多存储方面的需求：如为公司搭建 Swift 服务器来存储文件，也可以为硬盘不够的云主机在线添加块设备。通过本单元的学习，读者可以对 OpenStack 私有云具有更加深刻的认识，对容器和容器云技术有初步的了解，对私有云存储使用会更加得心应手，对容器云存储的使用有初步的了解。

单元 4

Ceph分布式存储系统应用

学习目标

【知识目标】

- 了解 Ceph 文件系统的基本组成。
- 熟悉 Ceph 分布式存储集群的架构。
- 掌握 Ceph 分布式存储集群的部署原理。

【技能目标】

- 掌握 Ceph 分布式存储集群的部署方法。
- 掌握 Ceph 分布式存储集群的基本运维方法。
- 掌握 Ceph 分布式存储集群的备灾处理方法。

【素养目标】

- 培养对云存储定义和操作的科学规范意识和表达应用能力。
- 培养对云存储的应用能力，建立数据世界和现实世界的科学联系，提高系统思维、创新思维能力。
- 具有良好的团队协作意识和业务沟通能力。

学习情境

某公司研发部根据工程师小缪的方案采用了 GlusterFS 后，还想再尝试使用其他的文件系统，通过对比测试找出性能更优的一种方式，并集成到公司的私有云中，公司决定安排小缪对 Ceph 文件系统进行测试。

（1）项目设计

使用 3 台服务器搭建 1 个 Ceph 文件系统，并挂载使用。

（2）服务器功能

- CentOS 实现 Ceph 集群的搭建和使用。
- 实现基于 Ceph 文件系统的集群存储。

构建 Ceph 分布式存储

任务 4.1　构建 Ceph 分布式存储

任务描述

1. 了解 Ceph 文件系统的构架和使用环境。
2. 使用 3 台服务器搭建 1 个 Ceph 文件系统。
3. 实现基于 Ceph 文件系统的集群存储。

微课　构建 Ceph 分布式存储

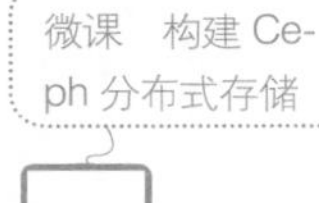

知识学习

1. 云硬盘介绍

云硬盘是 IaaS 云平台的重要组成部分，为虚拟机提供了持久的块存储设备。目前，AWS 的 EBS（Elastic Block Store）提供了高可用、高可靠的块级存储卷，适用于需要访问块设备的应用，如数据库、文件系统等。在 OpenStack 中，可以使用 Ceph、Sheepdog、GlusterFS 作为云硬盘的开源解决方案。下面讲解 Ceph 的架构。

Ceph 是统一存储系统，支持如下 3 种接口。

- Object：拥有原生的 API，而且也兼容 Swift 和 S3 的 API。
- Block：支持精简配置、快照和克隆。
- File：POSIX 接口，支持快照。

Ceph 也是分布式存储系统，它具有如下特点：

- 高扩展性：使用普通 x86 服务器，支持 10~1000 台服务器，支持 TB 到 PB 级的扩展。
- 高可靠性：没有单点故障，拥有多数据副本、自动管理和自动修复功能。
- 高性能：数据分布均衡，并行化度高。对于对象存储（Objects Storage）和块存储（Block Storage），不需要元数据服务器。

目前，红帽（Red Hat）公司掌控 Ceph 的开发，但 Ceph 是开源的，遵循 LGPL（GNU Lesser General Public License，GNU 宽通用公共许可证）协议。红帽公司还积极整合 Ceph 配合其他的云计算和大数据平台，目前 Ceph 支持 OpenStack、CloudStack、OpenNebula、Hadoop 等。

当前 Ceph 的最新的稳定版本为 0.67（Dumpling）版本，它的对象存储和块存储已经足够稳定，而且 Ceph 社区还在继续开发新功能，包括跨机房部署、容灾和支持 Erasure Encoding 等。Ceph 具有完善的社区设施和发布流程（每 3 个月发布 1 个稳定版本）。

目前 Ceph 有很多用户案例，从相关统计数据中可知：有 26%的用户在生产环境中使用 Ceph，有 37%的用户在私有云中使用 Ceph，还有 16%的用户在公有云中使用 Ceph。

目前 Ceph 最大的用户案例是 Dreamhost 的 Object Service（对象服务），当前总容量是 3 PB，可靠性达到 99.99999%。数据存放采用 3 个副本，它的性价比很高。

2. Ceph 架构说明

Ceph 构架如图 4-1 所示。

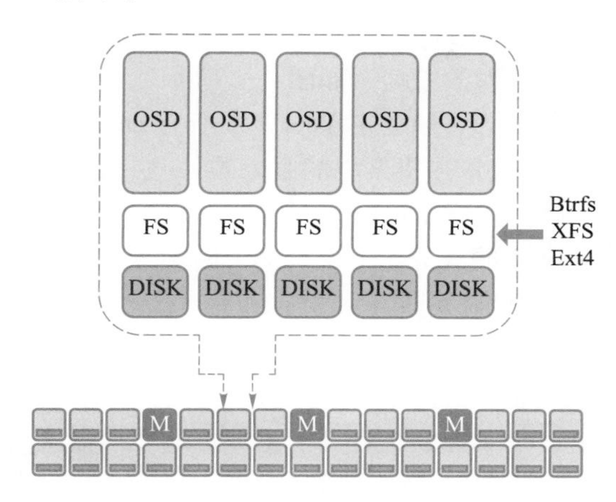

图 4-1　Cpeh 架构

（1）RADOS 组成

Ceph 的底层是一个 RADOS（Reliable，Autonomous，Distributed Object Storage，可靠的、自主的、分布式对象存储系统）。RADOS 由两个组件组成：

- OSD（Object Storage Device）：提供存储资源。
- Monitor：维护整个 Ceph 集群的全局状态。

RADOS 具有很强的可扩展性和可编程性，Ceph 基于 RADOS 开发了 Object Storage（对象存储）、Block Storage（块存储）和 FileSystem（文件系统）。

（2）Ceph 组件

- MDS：用于保存 CephFS 的元数据。
- RADOS Gateway：对外提供 REST 接口，兼容 S3 和 Swift 的 API。

（3）Ceph 映射

Ceph 的命名空间是（Pool，Object），每个 Object 都会映射到一组 OSD 中，由这组 OSD 保存这个 Object，其映射关系如下：

(Pool,Object)→(Pool,PG)→OSD SET→Disk

Ceph 中 Pool 的属性包括：

- Object 的副本数。
- Placement Groups（数据映射）的数量。
- 所使用的 CRUSH Ruleset。

在 Ceph 中，Object 先映射到 PG（Placement Group），再由 PG 映射到 OSD SET。每个 Pool 包含多个 PG，每个 Object 通过计算 Hash 值并得到它所对应的 PG。PG 再映射到一组 OSD（OSD 的个数由 Pool 的副本数决定），第一个 OSD 是 Primary，剩下的均为 Replicas。

数据映射的方式决定了存储系统的性能和扩展性。(Pool,PG)→OSD SET 的映射由以下4个因素决定。

- CRUSH 算法：一种伪随机算法。
- OSD MAP：包含当前所有 Pool 的状态和所有 OSD 的状态。
- CRUSH MAP：包含当前磁盘、服务器、机架的层级结构。
- CRUSH Rules：数据映射的策略，如图4-2所示。这些策略可以灵活地设置 Object 存放的区域。例如，可以指定 Pool 1 中所有 Objecst 放置在机架 1 上，所有 Objects 的第1个副本放置在机架1的服务器 A 上，第2个副本分布在机架1的服务器 B 上。Pool 2 中所有的 Object 分布在机架 2、3、4 上，所有 Object 的第1个副本分布在机架2的服务器上，第2个副本分布在机架3的服务器上，第3个副本分布在机架4的服务器上。

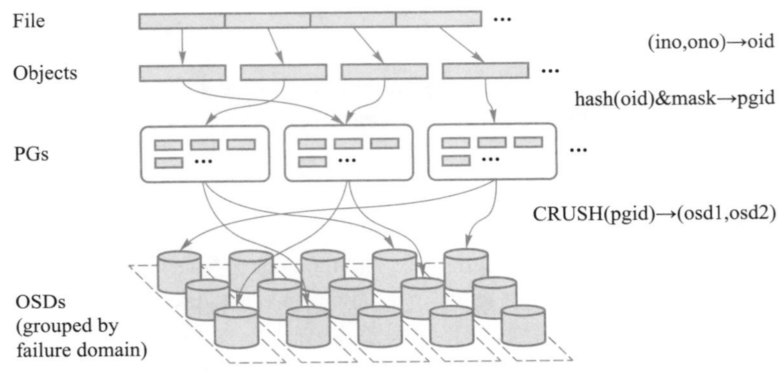

图4-2 数据映射的策略

Client 从 Monitors 中得到 CRUSH MAP、OSD MAP、CRUSH Ruleset，然后使用 CRUSH 算法计算出 Object 所在的 OSD SET。所以 Ceph 不需要 Name 服务器，Client 直接和 OSD 进行通信。伪代码如下：

```
locator = object_name
obj_hash = hash(locator)
pg = obj_hash % num_pg
osds_for_pg = crush(pg)
primary = osds_for_pg[0]
replicas = osds_for_pg[1:]
```

(4) 数据映射的优点

- 通过对 Object 分组，可降低需要追踪和处理的 metadata（元数据）数量（在全局的层面上，不需要追踪和处理每个 Object 的 metadata 和 Placement，只需要管理 PG 的 metadata 即可。PG 的数量级远远低于 Object 的数量级）。
- 增加 PG 的数量，可以均衡每个 OSD 的负载，提高并行度。
- 分隔故障域，提高数据的可靠性。

- 强一致性。Ceph 的读写操作采用 Primary-Replica 模型，Client 只向 Object 所对应 OSD SET 的 Primary 发起读写请求，从而保证了数据的强一致性。由于每个 Object 都只有一个 Primary OSD，因此对 Object 的更新都是顺序的，不存在同步问题。当 Primary 收到 Object 的写请求时，它负责把数据发送给其他 Replicas，只要该数据被保存在所有的 OSD 上时，Primary 才应答 Object 的写请求，从而保证了副本的一致性，如图 4-3 所示。

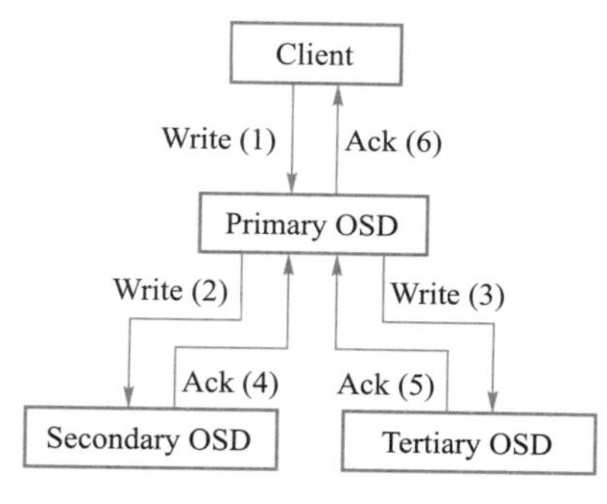

图 4-3　副本一致性

- 容错性。在分布式系统中，常见的故障有网络中断、掉电、服务器宕机、硬盘故障等，Ceph 能够容忍这些故障，并进行自动修复，保证数据的可靠性和系统可用性。Monitors 是 Ceph 管家，维护着 Ceph 的全局状态。Monitors 的功能和 ZooKeeper（分布式系统的可靠协调系统）类似，它们使用 Quorum 和 Paxos 算法去建立全局状态的共识。OSD 可以进行自动修复，而且是并行修复。

（5）故障检测

OSD 之间有心跳检测，当 OSD A 检测到 OSD B 没有回应时，会向 Monitors 报告 OSD B 无法连接，Monitors 则将 OSD B 标记为 down 状态，并更新 OSD Map。当过了 M 秒（可以在 Ceph 中配置 M 的值）之后还是无法连接到 OSD B，Monitors 则将 OSD B 标记为 out 状态（表明 OSD B 不能工作），并更新 OSD Map。

（6）故障恢复

当某个 PG 对应的 OSD SET 中有一个 OSD 被标记为 down 时（如果 Primary 被标记为 down，则某个 Replica 会成为新的 Primary，并处理所有读写 Object 请求），则该 PG 处于 active+degraded 状态，也就是当前 PG 有效的副本数是 $N-1$。

当过了 M 秒后，如果还是无法连接该 OSD，则它被标记为 out，Ceph 会重新计算 PG 到 OSD SET 的映射（当有新的 OSD 加入到集群时，也会重新计算所有 PG 到 OSD SET 的映射），以此保证 PG 的有效副本数是 N。

新 OSD SET 的 Primary 先从旧的 OSD SET 中收集 PG log，得到一份完整的、全序的操作序列（Authoritative History），并让其他 Replicas 同意这份 Authoritative History（也就是其他 Replicas 对 PG 的所有 Objects 状态都达成一致），该过程称为 Peering。

当 Peering 过程完成之后，PG 进入 active+recoverying 状态，Primary 会迁移和同步

那些降级的 Objects 到所有的 Replicas 上，以保证这些 Objects 的副本数为 N。

3. Ceph 的优点

（1）高性能

Client 和 Server 直接通信，不需要代理和转发。同时是由多个 OSD 带来的高并发度，而 Objects 是分布在所有 OSD 上的，所以一定程度上可以进行负载均衡，因为每个 OSD 都有权重值（现在以容量为权重）。这样 Client 不需要负责副本的复制（由 Primary 负责），因此降低了 Client 的网络消耗。

（2）高可靠性

- 数据多副本。可配置 per-pool 副本策略和故障域布局，支持强一致性。
- 没有单点故障。可以忍受许多种故障场景，单个组件可以滚动升级并在线替换。
- 所有故障自动检测和自动恢复。恢复不需要人工介入，在恢复期间，可以保持正常的数据访问。
- 并行恢复。并行的恢复机制极大地降低了数据恢复时间，提高了数据的可靠性。

（3）高扩展性

- 高度并行。没有单个中心控制组件，所有负载都能动态地划分到各个服务器上，可把更多的功能放到 OSD 上，使 OSD 更智能。
- 自管理。容易扩展、升级和替换。当组件发生故障时，自动进行数据的重新复制。当组件发生变化时（添加或删除），自动进行数据的重新分布。

在单机情况下，RBD 的性能不如传统的 RAID 10，这是因为 RBD 的 I/O 路径很复杂，导致效率很低。但是 Ceph 的优势在于它的扩展性，它的性能会随着磁盘数量线性增长，因此在多服务器的情况下，RBD 的 IOPS 和吞吐率会高于单机的 RAID 10（不过性能会受限于网络的带宽）。

综上所述，Ceph 优势显著，使用它能够降低硬件成本和运维成本，但它的复杂性会带来一定的附加成本。

任务实施

1. 基础环境配置

将 CentOS-7-x86_64-DVD-2009. iso 操作系统安装到第 1 块大小为 20 GB 的硬盘上，为 3 台虚拟机分别配置主机名 ceph-node1、ceph-node2、ceph-node3。为 3 台虚拟机分别配置 IP 地址 192. 168. 10. 11、192. 168. 10. 12、192. 168. 10. 13，子网掩码为 255. 255. 255. 0，默认网关为 192. 168. 10. 254。

（1）主机文件配置。

分别在 3 台虚拟机上配置 hosts 文件，此处以 ceph-node1 为例。

```
[root@ceph-node1 ~]# cat /etc/hosts
127.0.0.1      localhost localhost.localdomain localhost4 localhost4.localdomain4
::1            localhost localhost.localdomain localhost6 localhost6.localdomain6
192.168.10.11   ceph-node1
192.168.10.12   ceph-node2
192.168.10.13   ceph-node3
```

（2）创建 RSA 密钥对。

选定一个节点作为主控节点（这里选择 ceph-node1 主机），将 SSH 公钥上传到 ceph-node2 和 ceph-node3 节点，建立从主控节点到其他节点的 SSH 免密登录。

```
[root@ceph-node1 ~]# ssh-keygen
[root@ceph-node1 ~]# ssh-copy-id root@ceph-node2
[root@ceph-node1 ~]# ssh-copy-id root@ceph-node3
```

（3）复制密钥到 ceph-node2 和 ceph-node3 之后，ceph-node1 就可以无密钥登录到另外两台虚拟机上了。

（4）关闭防火墙，此处以 ceph-node1 为例。

```
[root@ceph-node1 ~]# systemctl stop firewalld
```

（5）禁用 3 台虚拟机上的 SELinux。

1）临时禁用，此处以 ceph-node1 为例。

```
[root@ceph-node1 ~]# setenforce 0
```

2）永久禁用，此处以 ceph-node1 为例。

```
[root@ceph-node1 ~]# vi /etc/selinux/config
sed-i 's/SELINUX=enforcing/SELINUX=disabled/g' /etc/selinux/config #把 selinux 改
                                                                    #为 disablesd
```

（6）安装 NTP 服务。

NTP 用于 Ceph 个节点之间的时间同步。需要在所有 Ceph 节点上安装 NTP 服务，以避免因时钟漂移导致故障。确保在各 Ceph 节点上启动了 NTP 服务，并且要使用同一个 NTP 服务器。

在 ceph-node1 节点上安装 NTP 服务器，编辑配置文件，允许 192.168.10.0/24 访问，启用并启动服务，此处以 ceph-node1 为例。

```
[root@ceph-node1 ~]# yum install chrony -y
[root@ceph-node1 ~]# vi /etc/chrony.conf
#添加配置
server ceph-node1 iburst
allow 192.168.10.0/24
```

```
local stratum 10
[root@ceph-node1 ~]# systemctl enable --now chronyd
```

同步时间：

```
[root@ceph-node1 ~]# chronyc sources -v
210 Number of sources = 1

  .-- Source mode  '^' = server, '=' = peer, '#' = local clock.
 / .- Source state '*' = current synced, '+' = combined , '-' = not combined,
| /   '?' = unreachable, 'x' = time may be in error, '~' = time too variable.
||                                                 .- xxxx [ yyyy ] +/- zzzz
||      Reachability register (octal) -.           |  xxxx = adjusted offset,
||      Log2(Polling interval) --.      |          |  yyyy = measured offset,
||                                \     |          |  zzzz = estimated
error.
||                                 |    |           \
MS Name/IP address         Stratum Poll Reach LastRx Last sample
=====================================================================
=========================================
^* ceph-node1                   10   6   377    54   +384ns[-6306ns] +/-
9131ns
```

同样，在ceph-node2和ceph-node3节点上安装NTP服务器，编辑配置文件，添加NTP服务ceph-node1，设置开机自启并启动服务。

（7）在所有Ceph节点上修改Yum源，均使用本地FTP服务器源。

```
[root@ceph-node1 ~]# cat /etc/yum.repos.d/local.repo
[ceph]
name=ceph
baseurl=ftp://192.168.10.11/ceph-nautilus-rpms
enabled=1
gpgcheck=0
[centos]
name=centos
baseurl=ftp://192.168.10.11/centos
enabled=1
gpgcheck=0
```

2. 安装和配置Ceph

为了部署这个集群，可使用ceph-deploy工具在3台虚拟机上安装和配置Ceph。

ceph-deploy 是 Ceph 软件定义存储系统的一部分，用于配置和管理 Ceph 存储集群。

（1）创建 Ceph 集群。

首先，在所有节点都安装 Ceph，此处以 ceph-node1 为例。

1）安装 Ceph。

```
[root@ceph-node1 ~]# yum install -y ceph ceph-deploy
```

2）用 ceph-deploy 创建一个 Ceph 集群，下面的示例命令均可进入/etc/ceph 进行命令配置。

```
[root@ceph-node1 ~]# ceph-deploy new ceph-node1# 创建 ceph 集群
[root@ceph-node1 ~]# ceph-deploy mon create ceph-node1 # 创建 mon 管理
[root@ceph-node1 ~]# ceph-deploy gatherkeys ceph-node1# 配置认证
```

3）每个节点都要进行分区，且每个节点都需要添加一块 20 GB 硬盘。此处以 ceph-node1 为例。

```
[root@ceph-node1 ceph]# lsblk
NAME              MAJ:MIN  RM  SIZE  RO TYPE  MOUNTPOINT
sda                 8:0     0  20G   0  disk
├─sda1              8:1     0  1G    0  part  /boot
└─sda2              8:2     0  19G   0  part
  └─centos-root   253:0     0  19G   0  lvm   /
sdb                 8:16    0  20G   0  disk
```

然后进行分区：

```
[root@ceph-node1 ceph]# fdisk /dev/sdb
Welcome to fdisk (util-linux 2.23.2).

Changes will remain in memory only, until you decide to write them.
Be careful before using the write command.

Device does not contain a recognized partition table
Building a new DOS disklabel with disk identifier 0x1a0adc56.

Command (m for help): n
Partition type:
   p   primary (0 primary, 0 extended, 4 free)
   e   extended
Select (default p): e
Partition number (1-4, default 1):
```

```
First sector (2048-41943039, default 2048):
Using default value 2048
Last sector, +sectors or +size{K,M,G} (2048-41943039, default 41943039):
Using default value 41943039
Partition 1 of type Extended and of size 20 GiB is set

Command (m for help): p

Disk /dev/sdb: 21.5 GB, 21474836480 bytes, 41943040 sectors
Units = sectors of 1 * 512 = 512 bytes
Sector size (logical/physical): 512 bytes / 512 bytes
I/O size (minimum/optimal): 512 bytes / 512 bytes
Disk label type: dos
Disk identifier: 0x1a0adc56

   Device Boot      Start         End      Blocks   Id  System
/dev/sdb1            2048    41943039    20970496    5  Extended

Command (m for help): w
The partition table has been altered!

Calling ioctl() to re-read partition table.
Syncing disks.
```

分区后进行初始化：

```
[root@ceph-node1 ceph]# mkfs.xfs -f /dev/sdb
meta-data =/dev/sdb          isize=512    agcount=4,          agsize=1310720 blks
          =                  sectsz=512   attr=2,        projid32bit=1
          =                  crc=1        finobt=0,         sparse=0
data      =                  bsize=4096   blocks=5242880, imaxpct=25
          =                  sunit=0      swidth=0 blks
naming    =version 2         bsize=4096   ascii-ci=0          ftype=1
log       =internal log      bsize=4096   blocks=2560,      version=2
          =                  sectsz=512   sunit=0 blks, lazy-count=1
realtime  =none              extsz=4096   blocks=0,         rtextents=0
```

4）擦除Node分区表以及内容。

```
[root@ceph-node1 ~]# eph-deploy disk zap ceph-node1 /dev/sdb
[root@ceph-node1 ~]# eph-deploy disk zap ceph-node2/dev/sdb
[root@ceph-node1 ~]# eph-deploy disk zap ceph-node3/dev/sdb
```

5）创建OSD和mgr。

```
[root@ceph-node1 ~]# eph-deploy osd create  ceph-node1 --data /dev/sdb
[root@ceph-node1 ~]# eph-deploy osd create  ceph-node2 --data /dev/sdb
[root@ceph-node1 ~]# eph-deploy osd create  ceph-node3 --data /dev/sdb
[root@ceph-node1 ~]# eph-deploy mgr create ceph-node1
```

如果集群状态为HEALTH_WARN，则执行如下命令。

```
[root@ceph-node1 ~]# eph config set mon auth_allow_insecure_global_id_reclaim false
```

6）检查Ceph集群的状态。此时，集群是HEALTH_OK状态。

```
[root@ceph-node1 ceph]# ceph -s
  cluster:
    id:1f6006db-02f2-477a-a1d9-58199d706abe
    health: HEALTH_OK

  services:
    mon: 1 daemons, quorum ceph-node1 (age 4m)
    mgr: ceph-node1(active, since 17s)
    osd: 3 osds: 3 up (since 59s), 3 in (since 59s)

  data:
    pools:0 pools, 0 pgs
    objects: 0 objects, 0 B
    usage:3.0 GiB used, 57 GiB / 60 GiB avail
    pgs:
```

（2）Ceph集群运维。有了可运行的Ceph集群后，现在可以使用一些简单的命令来体验Ceph。

1）检查Ceph的安装状态。

```
# ceph status
```

2）观察集群的健康状况。

```
# ceph -w
```

3）检查 Ceph Monitor 仲裁状态。

```
# ceph quorum_status --format json-petty
```

4）导出 Ceph Monitor 信息。

```
# ceph mon dump
```

5）检查集群使用状态。

```
# ceph df
```

6）检查 Ceph Monitor、OSD 和 PG（配置组）状态。

```
# ceph mon stat
# ceph osd stat
# ceph pg stat
```

7）列表 PG。

```
# ceph pg dump
```

8）列表 Ceph 存储池。

```
# ceph osd lspools
```

9）检查 OSD 的 CRUSH。

```
# ceph osd tree
```

10）列表集群的认证密钥。

```
# ceph auth list
```

实训文档　任务 4.1

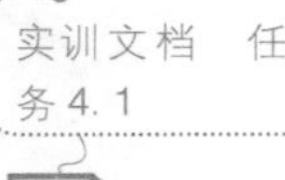

项目实训

【实训题目】

本实训在 CentOS 7.9 上构建 Ceph 的分布式云存储平台。

【实训目的】

1. 掌握 Ceph 云存储文件系统的简单使用方法。
2. 掌握 Ceph 分布式存储的构建方法。

【实训内容】

1. 在各个节点配置节点的无密钥登录配置。
2. 在各个节点配置 Ceph 的 Yum 源和 CentOS 的 Yum 源。
3. 在各个节点安装 Ceph 的服务包。
4. 创建 Ceph 分布式存储集群。
5. 在集群里加入 OSD 节点。
6. 使用 Ceph 的服务器端和客户端检测 Ceph 服务状态。

任务 4.2　使用 Ceph 分布式存储

使用 Ceph 分布式存储

PPT

微课　使用 Ceph 分布式存储

任务描述

1. 配置和使用 Ceph 块存储。
2. 配置和使用 Ceph 对象存储。
3. 配置和使用 Ceph 文件存储。

知识学习

1. Ceph 的主要应用场景与功能

Ceph 可以提供对象存储、块设备存储和文件系统服务，其对象存储可以对接网盘（owncloud）应用业务等；其块设备存储可以对接（IaaS）。当前主流的 IaaS 软件运行平台有 OpenStack、CloudStack、Zstack、Eucalyptus、KVM。

Ceph 提供的主要存储方式如下：

（1）对象存储（RADOSGW）：提供 RESTful 接口，也支持多种编程语言绑定，并兼容 S3、Swift。该存储是通常意义的键值存储，其接口就是简单的 GET、PUT、DEL 和其他扩展，用户主要有 Swift、S3、Gluster 等。

（2）块存储（RDB）：由 RBD 提供，可以直接作为磁盘挂载，内置了容灾机制。它的接口通常以 QEMU Driver 或者 Kernel Module 的方式存在，该接口需要实现 Linux 的 Block Device 的接口或者 QEMU 提供的 Block Driver 接口，如 Sheepdog、AWS 的 EBS、青云的云硬盘、阿里云的盘古系统，以及 Ceph 的 RBD（RBD 是 Ceph 面向块存储的接口）。在常见的存储中 DAS、SAN 提供的也是块存储。

（3）文件系统（CephFS）存储：提供 POSIX 兼容的网络文件系统 CephFS，专注于高性能、大容量存储。通常的 CephFS 支持 POSIX 接口，与传统的文件系统（如 Ext4）是同一个类型的，区别在于分布式存储提供了并行化的能力，如 Ceph 的 CephFS（CephFS 是 Ceph 面向文件存储的接口），但是有时候又会把 GlusterFS、HDFS 这种非 POSIX 接口的类文件存储接口归入此类。当然，NFS、NAS 也属于文件系统存储。

2. CephFS

Ceph 文件系统或 CephFS 是一个符合 POSIX 的文件系统，构建在 Ceph 的分布式对象存储 RADOS 之上。CephFS 为各种应用程序（包括共享主目录、HPC 暂存空间和分布式工作流共享存储等传统用例）提供先进的、多用途、高可用性和高性能的文件存储。

文件元数据与文件数据存储在单独的 RADOS 池中，并通过可调整大小的元数据服务器集群或 MDS（Metadata Server，元数据服务器）提供服务，该集群可以扩展以支持更高吞吐量的元数据工作负载。文件系统的客户端可以直接访问 RADOS 以读取和写入文件数据块，从而使工作负载可能会随着底层 RADOS 对象存储的大小而线性扩展，即没有网关或代理为客户端调解数据 I/O。

对数据的访问是通过 MDS 集群来协调的，MDS 集群作为由客户端和 MDS 共同维护的分布式元数据缓存状态的权限。元数据的突变由每个 MDS 聚合成一系列有效的写入 RADOS 上的日志；MDS 没有在本地存储元数据状态。该模型允许在 POSIX 文件系统的上下文中客户端之间进行一致和快速的协作。

3. Ceph 的对象存储 RGW

（1）对象存储的含义和特点

对象存储是面向对象/文件的、海量的互联网存储。对象存储里的对象是经过封装了的文件，在对象存储系统里不能直接打开或修改文件，但可以像 FTP 一样上传、下载文件等。

另外，对象存储没有像文件系统那样有一个很多层级的文件结构，而是只有一个“桶”（bucket）的概念（即存储空间），“桶”里面全部都是对象，是一种非常扁平化的存储方式。

对象存储最大的特点就是它的对象名称就是一个域名地址，一旦对象被设置为“公开”，所有用户都可以进行访问。

（2）RGW 原理

RGW（RADOS GateWay，对象存储网关）在 librados 之上向应用提供访问 Ceph 集群的 RestAPI，支持 Amazon S3 和 OpenStack Swift 两种接口。对 RGW 最直接的理解就是一个协议转换层，把从上层应用符合 S3 或 Swift 协议的请求转换成 RADOS 的请求，将数据保存在 RADOS 集群中。

（3）外部概念

- user：对象存储的使用者，默认情况下，一个用户只能创建 1000 个存储桶。
- bucket：存储桶，用来管理对象的容器。
- object：对象，泛指一个文档、图片或视频文件等，尽管用户可以直接上传一个目录，但是 Ceph 并不按目录层级结构保存对象，Ceph 所有的对象扁平化地保存在 bucket 中。

4. Ceph 的 RADOS 块存储

块存储（RADOS Block Device）是一种有序的字节序块，也是 Ceph 三大存储类型中最为常用的存储方式，Ceph 的块存储基于 RADOS，因此它也借助 RADOS 的快照、复制和一致性等特性提供了快照、克隆和备份等操作。Ceph 的块设备指一种精简置备模式，可以拓展块存储的大小且存储的数据以条带化的方式存储到 Ceph 集群中的多个 OSD 中。

访问块存储的方式有两种，分别是 KRBD 方式和 librbd 方式。

（1）KRBD方式

KRBD（Kernel RADOS Block Device）是通过Kernel模块中的RBD模块来实现访问后端存储的，在使用前需要先使用modprobe命令将内核中RBD模块进行加载，同时对内核版本也是有要求的，需要内核的版本不低于3.10，因为比该版本低的内核还无法将RBD模块集成到内核中，如果使用低于CentOS 6.x版本（包含6.x版本）则需要升级内核版本。

KRBD访问后端存储的方式一般适用于为物理主机提供的块设备，这种方式是基于内核模块驱动的，可以使用Linux自带的页缓存来提高性能。

（2）librbd方式

librbd是一个访问RBD块存储的库，它是基于librados库进行的更高一层的封装，所以librbd是通过librados库来与块存储的数据进行交互的。

使用librbd访问块存储的方式适用于为虚拟机提供块设备，可以使用RBD缓存来提高性能，如在QEMU+KVM虚拟框架中提供的虚拟机，QEMU可以通过librbd来访问后端存储。

任务实施

1. Ceph块存储部署与使用

（1）虚拟机基础设置

创建一个虚拟机，操作系统为CentOS-7-x86_64-DVD-2009，硬盘大小为20 GB，设置网络为仅主机模式，如图4-4所示。

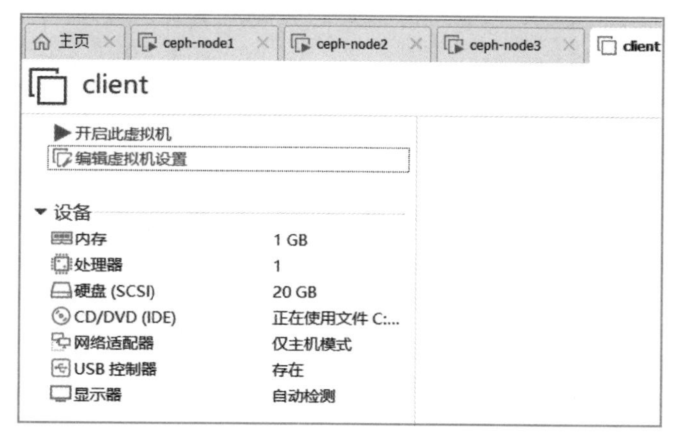

图4-4 虚拟机配置

（2）虚拟机网络设置

为虚拟机配置主机名client，配置IP地址为192.168.10.100，子网掩码为24位，默认网关为192.168.10.254。

（3）配置Ceph Client

配置ceph-node1节点的/etc/hosts文件，将client节点添加进去。

```
[root@ ceph-node1 ~]# vi /etc/hosts
127.0.0.1    localhost localhost.localdomain localhost4 localhost4.localdomain4
::1          localhost localhost.localdomain localhost6 localhost6.localdomain6
192.168.10.100   client
192.168.10.11    ceph-node1
192.168.10.12    ceph-node2
192.168.10.13    ceph-node3
```

（4）配置 SSH 免密登录

在 ceph-node1 节点上，将 SSH 公钥上传到 client 节点，配置 SSH 免密登录。

```
[root@ ceph-node1 ~]# ssh-copy-id root@ client
```

（5）创建 Yum 源文件

在 client 节点上移除原有软件源配置文件，上传新的 Yum 文件。

```
[root@ client ~]# mv /etc/yum.repos.d/ * /home/
```

将 ceph-node1 的 Yum 源通过 SCP 复制到/etc/yum.repos.d/中。

```
[root@ ceph-node1 ~]# scp /etc/yum.repos.d/local.repo client:/etc/yum.repos.d/
[root@ client ~]# ls /etc/yum.repos.d/
local.repo
[root@ client ~]# yum clean all;yum repolist
```

（6）安装 Ceph

在 client 节点上安装 Ceph。

```
[root@ client ~]# yum install ceph ceph-deploy -y
```

（7）配置 client 节点上的文件

在 ceph-node1 节点上将 Ceph 配置文件复制到 client 节点。

```
[root@ ceph-node1 ~]# scp -r /etc/ceph/ client:/etc/
```

（8）创建 Ceph 用户

在 ceph-node1 节点上创建 Ceph 用户 client.rbd，它拥有访问 RBD 存储池的权限。

```
[root@ ceph-node1 ~]# ceph auth get-or-create client.rbd mon 'allow r' osd 'allow
class-read object_prefix rbd_children, allow rwx pool=rbd'
[client.rbd]
   key = AQDGS05j06+aOhAA6RxAr3hs3FDsiWFx3uGDcA==
```

（9）配置用户密钥

在 ceph-node1 节点上为 client 节点上的 client.rbd 用户添加密钥。

```
[root@ceph-node1 ~]# ceph auth get-or-create client.rbd | ssh root@client tee /etc/ceph/ceph.client.rbd.keyring
[client.rbd]
  key = AQDGS05j06+aOhAA6RxAr3hs3FDsiWFx3uGDcA==
```

（10）创建 keyring

在 client 节点上创建 keyring。

```
[root@client ~]# cat /etc/ceph/ceph.client.rbd.keyring >> /etc/ceph/keyring
```

（11）检查集群状态

通过提供用户名和密钥在 client 节点上检查 Ceph 集群的状态。

```
[root@client ~]# ceph -s --name client.rbd
  cluster:
    id:     1f6006db-02f2-477a-a1d9-58199d706abe
    health: HEALTH_OK

  services:
    mon: 1 daemons, quorum ceph-node1 (age 4h)
    mgr: ceph-node1(active, since 5h)
    osd: 3 osds: 3 up (since 5h), 3 in (since 5h)

  data:
    pools:   3 pools, 192 pgs
    objects: 26 objects, 71 MiB
    usage:   3.2 GiB used, 57 GiB / 60 GiB avail
    pgs:     192 active+clean
```

创建块设备的顺序是：在 client 节点上使用 rbd create 命令创建一个块设备 image，然后使用 rbd map 命令把 image 映射为块设备，最后对映射出来的/dev/rbd0 格式化并挂载，即可将设备当成普通的块设备使用了。

（12）查看 Ceph 存储池

在 ceph-node1 节点创建 Ceph 储存池。

```
[root@ceph-node1 ~]# ceph osd pool create rbd 128
pool 'rbd' created
```

（13）配置块存储

在 ceph-node1 节点为存储池 rbd 指定应用为块存储 RBD。

```
[root@ceph-node1 ~]# ceph osd pool application enable rbd rbd
  enabled application 'rbd' on pool 'rbd'
```

此时可以看见 rbd 储存池。

```
[root@ceph-node1 ~]# ceph osd lspools
  8 rbd
```

（14）创建块设备

在 ceph-node1 节点上创建一个大小为 10 GB 的 Ceph 块设备，命名为 rbd0。

```
[root@client ~]# rbd create rbd0 --size 10240 --name client.rbd
```

（15）检查块设备

列出创建的 RBD 镜像。

```
[root@client ~]# rbd list --name client.rbd
rbd0
```

（16）配置镜像特性

在 ceph-node1 节点使用以下命令禁用 rbd0 镜像的部分特性。

```
[root@ceph-node1 ~]#  rbd feature disable rbd0 object-map fast-diff deep-flatten
```

（17）配置镜像映射

在 client 节点使用 rbd map 命令将 RBD 镜像映射到/dev 目录下。

```
[root@client ~]#  rbd map --image rbd0 --name client.rbd
/dev/rbd0
```

（18）检查块设备

使用以下命令检查被映射的块设备。

```
[root@client ~]#  rbd showmapped --name client.rbd
id pool namespace image snap device
0  rbd            rbd0  -    /dev/rbd0
```

结果显示映射正常。

（19）设定块设备

使用 fdisk 命令将块设备进行分区。格式化 RBD 块设备并挂载到特定目录中。

```
[root@client ~]# fdisk /dev/rbd0
Welcome to fdisk (util-linux 2.23.2).

Changes will remain in memory only, until you decide to write them.
Be careful before using the write command.

Device does not contain a recognized partition table
Building a new DOS disklabel with disk identifier 0xaf79fcc1.
```

```
Command (m for help): n
Partition type:
   p   primary (0 primary, 0 extended, 4 free)
   e   extended
Select (default p): p
Partition number (1-4, default 1):
First sector (8192-20971519, default 8192):
Using default value 8192
Last sector, +sectors or +size{K,M,G} (8192-20971519, default 20971519): +5G
Partition 1 of type Linux and of size 5 GiB is set

Command (m for help): n
Partition type:
   p   primary (1 primary, 0 extended, 3 free)
   e   extended
Select (default p): p
Partition number (2-4, default 2):
First sector (10493952-20971519, default 10493952):
Using default value 10493952
Last sector, +sectors or +size{K,M,G} (10493952-20971519, default 20971519):
Using default value 20971519
Partition 2 of type Linux and of size 5 GiB is set

Command (m for help): p

Disk /dev/rbd0: 10.7 GB, 10737418240 bytes, 20971520 sectors
Units = sectors of 1 * 512 = 512 bytes
Sector size (logical/physical): 512 bytes / 512 bytes
I/O size (minimum/optimal): 4194304 bytes / 4194304 bytes
Disk label type: dos
Disk identifier: 0xaf79fcc1

    Device Boot      Start         End      Blocks   Id  System
/dev/rbd0p1           8192    10493951     5242880   83  Linux
/dev/rbd0p2       10493952    20971519     5238784   83  Linux

Command (m for help): w
```

```
The partition table has been altered!

Calling ioctl() to re-read partition table.
Syncing disks.

[root@client ~]# fdisk -l /dev/rbd0

Disk /dev/rbd0: 10.7 GB, 10737418240 bytes, 20971520 sectors
Units = sectors of 1 * 512 = 512 bytes
Sector size (logical/physical): 512 bytes / 512 bytes
I/O size (minimum/optimal): 4194304 bytes / 4194304 bytes
Disk label type: dos
Disk identifier: 0xaf79fcc1

     Device Boot      Start         End      Blocks   Id  System
/dev/rbd0p1            8192    10493951     5242880   83  Linux
/dev/rbd0p2        10493952    20971519     5238784   83  Linux
```

（20）扩容镜像大小

Ceph 块设备映像是精简配置，只有在开始写入数据时才会占用物理空间。可以通过“--size”选项设置 Ceph 块设备映像的最大容量。如果想增加或减小 Ceph 块设备映像的最大容量，可以使用 rbd resize 命令。此处将之前创建的 RBD 镜像增加到 20 GB，并进行查验。

```
[root@client ~]# rbd resize --image rbd0 --size 20480 --name client.rbd
Resizing image: 100% complete...done.
[root@client ~]# rbd info --image rbd0 --name client.rbd
rbd image 'rbd0':
    size 20 GiB in 5120 objects
    order 22 (4 MiB objects)
    snapshot_count: 0
    id: 3a8898bb99ce
    block_name_prefix: rbd_data.3a8898bb99ce
    format: 2
    features: layering, exclusive-lock
    op_features:
    flags:
    create_timestamp: Tue Oct 18 20:05:52 2022
    access_timestamp: Tue Oct 18 20:05:52 2022
    modify_timestamp: Tue Oct 18 20:05:52 2022
```

可以使用 fdisk 命令对/dev/rbd0 设备继续进行分区。

```
[root@client ~]# fdisk /dev/rbd0
Welcome to fdisk (util-linux 2.23.2).

Changes will remain in memory only, until you decide to write them.
Be careful before using the write command.

Command (m for help): n
Partition type:
   p   primary (2 primary, 0 extended, 2 free)
   e   extended
Select (default p): p
Partition number (3,4, default 3):
First sector (20971520-41943039, default 20971520):
Using default value 20971520
Last sector, +sectors or +size{K,M,G} (20971520-41943039, default 41943039):
Using default value 41943039
Partition 3 of type Linux and of size 10 GiB is set

Command (m for help): p

Disk /dev/rbd0: 21.5 GB, 21474836480 bytes, 41943040 sectors
Units = sectors of 1 * 512 = 512 bytes
Sector size (logical/physical): 512 bytes / 512 bytes
I/O size (minimum/optimal): 4194304 bytes / 4194304 bytes
Disk label type: dos
Disk identifier: 0xaf79fcc1

      Device Boot      Start         End      Blocks   Id  System
/dev/rbd0p1             8192    10493951     5242880   83  Linux
/dev/rbd0p2         10493952    20971519     5238784   83  Linux
/dev/rbd0p3         20971520    41943039    10485760   83  Linux

Command (m for help): w
The partition table has been altered!

Calling ioctl() to re-read partition table.
```

```
Syncing disks.
[root@ client ~]# partprobe -s
[root@ client ~]# fdisk -l /dev/rbd0

Disk /dev/rbd0: 21.5 GB, 21474836480 bytes, 41943040 sectors
Units = sectors of 1 * 512 = 512 bytes
Sector size (logical/physical): 512 bytes / 512 bytes
I/O size (minimum/optimal): 4194304 bytes / 4194304 bytes
Disk label type: dos
Disk identifier: 0xaf79fcc1

    Device Boot      Start         End      Blocks   Id  System
/dev/rbd0p1           8192    10493951     5242880   83  Linux
/dev/rbd0p2       10493952    20971519     5238784   83  Linux
/dev/rbd0p3       20971520    41943039    10485760   83  Linux
```

2. Ceph 对象存储部署与使用

（1）虚拟机基础设置

创建一个虚拟机，操作系统为 CentOS-7-x86_64-DVD-2009，硬盘大小为 20 GB，设置网络为 NAT 模式，如图 4-5 所示。

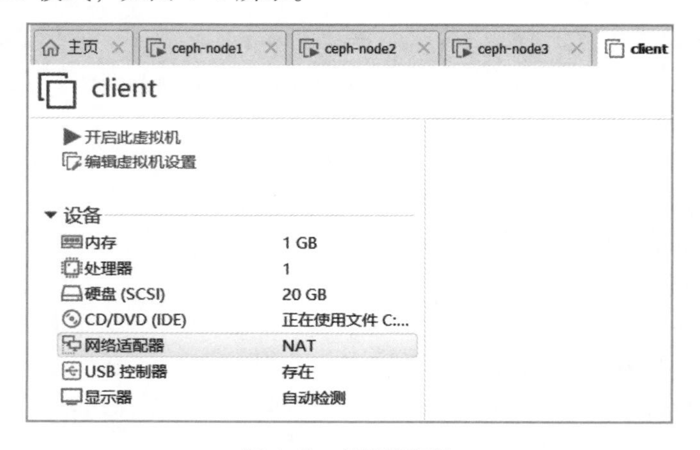

图 4-5 虚拟机配置

（2）虚拟机网络设置

为虚拟机配置主机名为 client，配置 IP 地址为 192.168.10.100，子网掩码为 255.255.255.0，默认网关为 192.168.10.2，DNS 服务器为 192.168.10.10 与 114.114.114.114，使虚拟机可以访问 Internet。

（3）在 ceph-node1 节点上安装 Ceph 对象网关软件包

Ceph 对象存储使用 Ceph 对象网关守护进程（RadosGW），因此在使用对象存储之前，需要先安装并配置对象网关 RGW。

Ceph RGW 的 FastCGI 支持多种 Web 服务器作为前端，如 Nginx、Apache2 等。从 Ceph Hammer 版本开始，使用 ceph-deploy 部署时将会默认使用内置的 Civetweb 作为前端，区别在于配置的方式不同，这里采用默认 Civetweb 方式安装配置 RGW。

```
[root@ ceph-node1 ceph]# yum install ceph-radosgw. x86_64 -y
[root@ ceph-node1 ceph]# vi /root/pool ceph-deploy rgw create node1
```

（4）编辑 Pool 文件

```
[root@  ceph-node1 ceph]# vi /root/pool. rgw
. rgw. root
. rgw. control
. rgw. gc
. rgw. buckets
. rgw. buckets. index
. rgw. buckets. extra
. log
. intent-log
. usage
. users
. users. email
. users. swift
. users. uid
```

（5）编辑创建和配置 Pool 的脚本文件

此处可以通过脚本一键创建对象存储所需要使用的 Pool。

```
[root@ ceph-node1 ceph]# vi /root/create_pool. sh
#!/bin/bash
PG_NUM=8
PGP_NUM=8
SIZE=3

for i in 'cat /root/pool'
do
ceph osd pool create $i $PG_NUM
ceph osd pool set $i size $SIZE
done

for i in 'cat /root/pool'
```

```
do
ceph osd pool set $i pgp_num $PGP_NUM
done
```

（6）运行脚本文件，创建对象存储所使用的所有 Pool

```
[root@ceph-node1 ceph]# chmod +x /root/create_pool.sh
[root@ceph-node1 ceph]# /root/create_pool.sh
```

（7）测试是否能访问 Ceph 集群

在使用脚本一键创建好所需要的 Pool 之后，需要进行 Ceph 集群的测试，以防止实验过程中出现错误。

```
[root@ceph-node1 ceph]# cp /var/lib/ceph/radosgw/ceph-rgw.node1/keyring /etc/ceph/ceph.client.rgw.node1.keyring
[root@ceph-node1 ceph]# ceph -s -k/var/lib/ceph/radosgw/ceph-rgw.node1/keyring --name client.rgw.node1
  cluster:
    id: e87a1e3a-c18e-43cd-acd2-92359cb8d499
    health: HEALTH_WARN
            1 pools have pg_num > pgp_num

  services:
    mon: 1 daemons, quorum node1 (age 13m)
    mgr: node1(active, since 12m)
    osd: 3 osds: 3 up (since 12m), 3 in (since 12m)
    rgw: 1 daemon active (node1)

  task status:

  data:
    pools: 17 pools, 232 pgs
    objects: 187 objects, 1.2 KiB
    usage: 3.0 GiB used, 57 GiB / 60 GiB avail
    pgs: 232 active+clean
```

这里显示一个健康警告，1 个 Pool 的 pg_num 大于 pgp_num，需要把这个 Pool 的 pg_num 和 pgp_num 设置为相同。首先查看健康状态的详细信息。

```
[root@ceph-node1 ceph]# ceph health detail
HEALTH_WARN 1 pools have pg_num > pgp_num
SMALLER_PGP_NUM 1 pools have pg_num > pgp_num
    pool .rgw.root pg_num 32 > pgp_num 8
```

然后运行以下命令将 pool .rgw.root 的 pg_num 设置为 8。

```
[root@ceph-node1 ceph]# ceph osd pool set .rgw.root pg_num 8
set pool 1 pg_num to 8
```

最后再次运行 ceph -s 命令。

```
[root@ceph-node1 ceph]# ceph -s -k/var/lib/ceph/radosgw/ceph-rgw.node1/key-
ring --name client.rgw.node1
  cluster:
    id: e87a1e3a-c18e-43cd-acd2-92359cb8d499
    health: HEALTH_OK

  services:
    mon: 1 daemons, quorum node1 (age 15m)
    mgr: node1(active, since 14m)
    osd: 3 osds: 3 up (since 14m), 3 in (since 14m)
    rgw: 1 daemon active (node1)

  task status:

  data:
    pools: 17 pools, 222 pgs
    objects: 187 objects, 1.2 KiB
    usage: 3.1 GiB used, 57 GiB / 60 GiB avail
    pgs: 0.450% pgs not active
         221 active+clean
         1   peering
```

(8) 使用 S3 API 访问 Ceph 对象存储

在 ceph-node1 节点创建 radosgw 用户。

```
[root@ceph-node1 ceph]# radosgw-admin user create --uid=radosgw --display-
name="radosgw"
{
    "user_id": "radosgw",
    "display_name": "radosgw",
    "email": "",
    "suspended": 0,
    "max_buckets": 1000,
    "subusers": [],
```

```
    "keys": [
        {
            "user": "radosgw",
            "access_key": "J4BPJ5APC6RS84PD1ATG",
            "secret_key": "miHs0adVPjAcRGB4rxq0g49LN2odM6AhEhwxreyO"
        }
    ],
    "swift_keys": [],
    "caps": [],
    "op_mask": "read, write, delete",
    "default_placement": "",
    "default_storage_class": "",
    "placement_tags": [],
    "bucket_quota": {
        "enabled": false,
        "check_on_raw": false,
        "max_size": -1,
        "max_size_kb": 0,
        "max_objects": -1
    },
    "user_quota": {
        "enabled": false,
        "check_on_raw": false,
        "max_size": -1,
        "max_size_kb": 0,
        "max_objects": -1
    },
    "temp_url_keys": [],
    "type": "rgw",
    "mfa_ids": []
}
```


记录这里的 access_key 和 secret_key。

(9) 在 client 节点安装 bind

```
[root@client yum.repos.d]# yum -y install bind
```

(10) 编辑 bind 主配置文件

```
[root@client ~]# vi /etc/named.conf
```

修改以下配置：

```
listen-on port 53 { 127.0.0.1; 192.168.10.100; };
allow-query { localhost; 192.168.10.0/24; };
```

添加 lab.net 域的解析：

```
zone "." IN {
type hint;
file "named.ca";
};
```

在这里添加以下配置：

```
zone "lab.net" IN {
type master;
file "db.lab.net";
allow-update { none; };
};
```

添加完毕：

```
include "/etc/named.rfc1912.zones";
include "/etc/named.root.key";
```

（11）编辑域 lab.net 的区域配置文件

```
[root@client ~]# vi /var/named/db.lab.net
@ 86400 IN SOA lab.net. root.lab.net. (
20191120
10800
3600
3600000
86400 )
@ 86400 IN NS lab.net.
@ 86400 IN A 192.168.10.20
* 86400 IN CNAME @
```

（12）检查配置文件

```
[root@client ~]# named-checkconf /etc/named.conf
[root@client ~]# named-checkzone lab.net /var/named/db.lab.net
zone lab.net/IN: loaded serial 20191120
OK
```

（13）启动 bind 服务

```
[root@ client ~]# systemctl start named
[root@ client ~]# systemctl enable named
```

（14）编辑网卡配置文件

在网卡配置文件中，将 DNS 服务器指向 client 自己的 IP 地址。

```
[root@ client ~]# vi /etc/sysconfig/network-scripts/ifcfg-ens33
DNS1= 192.168.10.100
```

（15）编辑/etc/resolv.conf

在系统 DNS 服务器配置文件中，将 DNS 服务器指向 client 自己的 IP 地址。

```
[root@ client ~]# vi /etc/resolv.conf
nameserver 192.168.10.100
```

（16）安装 nslookup 并测试 DNS 配置

```
[root@ client ~]# yum -y install bind-utils
[root@ client ~]# nslookup
> node1.lab.net
Server: 192.168.10.100
Address: 192.168.10.100#53

node1.lab.net canonical name = lab.net.
Name: lab.net
Address: 192.168.10.20
> exit
```

（17）安装 s3cmd

访问 https://s3tools.org/download，下载 s3cmd 的 2.1.0 版本。将 s3cmd-2.1.0.zip 上传到 client 节点的/root 目录。

```
[root@ client ~]# ls
anaconda-ks.cfg   s3cmd-2.1.0.zip
[root@ client ~]# yum -y install unzip python-dateutil
[root@ client ~]# unzip s3cmd-2.1.0.zip
```

（18）配置 s3cmd

```
[root@ client ~]# cd s3cmd-2.1.0
[root@ client s3cmd-2.1.0]# ./s3cmd --configure
Enter new values or accept defaults in brackets with Enter.
Refer to user manual for detailed description of all options.
```

Access key and Secret key are your identifiers for Amazon S3. Leave them empty for using the env variables.

Access Key: UJ46DXCA4L21WSECA3B6(输入 ceph-node1 节点显示的 access_key)

Secret Key: f9K0BfK3YgUGgMG2BCk5AnUWq9TiA0mbmXjdMLkA(输入 ceph-node1 节点显示的 secret_key)

Default Region [US]: (直接按 Enter 键)

Use "s3. amazonaws. com" for S3 Endpoint and not modify it to the target Amazon S3. S3 Endpoint [s3. amazonaws. com]: node1. lab. net:7480 (输入 Ceph 的 Endpoint)

Use "%(bucket)s. s3. amazonaws. com" to the target Amazon S3. "%(bucket)s" and "%(location)s" vars can be used

if the target S3 system supports dns based buckets.

DNS - style bucket + hostname: port template for accessing a bucket [%(bucket)s. s3. amazonaws. com]: %(bucket). node1. lab. net:7480 (输入容器路径)

Encryption password is used to protect your files from reading

by unauthorized persons while in transfer to S3

Encryption password: (直接按 Enter 键)

Path to GPG program [/usr/bin/gpg]: (直接按 Enter 键)

When using secure HTTPS protocol all communication with Amazon S3

servers is protected from 3rd party eavesdropping. This method is

slower than plain HTTP, and can only be proxied with Python 2. 7 or newer Use HTTPS protocol [Yes]: No (不使用 HTTPS)

On some networks all internet access must go through a HTTP proxy.

Try setting it here if you can't connect to S3 directly

HTTP Proxy server name: (直接按 Enter 键)

New settings:

Access Key: UJ46DXCA4L21WSECA3B6

Secret Key: f9K0BfK3YgUGgMG2BCk5AnUWq9TiA0mbmXjdMLkA Default Region: US

S3 Endpoint: node1. lab. net:7480

DNS-style bucket+hostname:port template for accessing a

bucket: %(bucket). node1. lab. net:7480

Encryption password:

Path to GPG program: /usr/bin/gpg

Use HTTPS protocol: False

HTTP Proxy server name:

HTTP Proxy server port: 0

Test access with supplied credentials? [Y/n] n(不进行测试)

Save settings? [y/N] y(保存配置)

Configuration saved to '/root/. s3cfg'

（19）显示存储桶

```
[root@ client s3cmd-2.1.0]# ./s3cmd ls
```

如果出现“RequestTimeTooSkewed”错误提示，则在client节点安装NTP服务器，将ceph-node1配置为上游服务器，重启NTP服务器即可。

（20）创建存储桶bucket

```
[root@ client s3cmd-2.1.0]# ./s3cmd mb s3://bucket
Bucket 's3://bucket/' created
[root@ client s3cmd-2.1.0]# ./s3cmd ls
2022-10-19 00:02    s3://bucket
```

（21）上传文件到存储桶

```
[root@ client s3cmd-2.1.0]# ./s3cmd put /etc/hosts s3://bucket
WARNING: Module python-magic is not available. Guessing MIME types based on file extensions.
upload: '/etc/hosts' -> 's3://bucket/hosts'  [1 of 1]
 200 of 200   100% in    0s   217.15 B/s  done
```

（22）查看存储桶

```
[root@ client s3cmd-2.1.0]# ./s3cmd ls s3://bucket
2019- 11-23 07:46              158        s3://bucket/hosts
```

3. Ceph文件存储部署与使用

（1）虚拟机基础设置

创建一个虚拟机，操作系统为CentOS-7-x86_64-DVD-2009，硬盘大小为20 GB，设置网络为NAT模式，如图4-5所示。

（2）虚拟机网络设置

为虚拟机配置主机名为client，配置IP地址为192.168.10.100，子网掩码为255.255.255.0，默认网关为192.168.10.2，DNS服务器192.168.10.100与114.114.114.114，使虚拟机可以访问Internet。

（3）部署MDS

将MDS部署到ceph-node1节点上。

```
[root@ ceph-node1 ceph]# ceph-deploy mds create node1
```

（4）创建数据和储存池

在ceph-node1节点为Ceph文件系统创建数据和元数据储存池。

```
[root@ ceph-node1 ceph]# ceph osd pool create cephfs_data 64
pool 'cephfs_data' created
```

```
[root@ceph-node1 ceph]# ceph osd pool create cephfs_metadata 64
pool 'cephfs_metadata' created
```

（5）创建 Ceph 文件系统

在 ceph-node1 节点创建 Ceph 的文件系统 cephfs。

```
[root@ceph-node1 ceph]# ceph fs new cephfs cephfs_metadata cephfs_data
new fs with metadata pool 20 and data pool 19
```

（6）验证 MDS 和 CephFS 的状态

```
[root@ceph-node1 ceph]# ceph mds stat
cephfs:1 {0=node1=up:active}
[root@ceph-node1 ceph]# ceph osd pool ls
cephfs_data
cephfs_metadata
[root@ceph-node1 ceph]# ceph fs ls
name: cephfs, metadata pool: cephfs_metadata, data pools: [cephfs_data ]
```

（7）创建用户

```
[root@ceph-node1 ceph]# ceph auth get-or-create client.cephfs mon 'allow r' mds 'allow r,allow rw path=/' osd 'allow rw pool=cephfs_data' -o /etc/ceph/client.cephfs.keyring
[root@ceph-node1 ceph]# ceph-authtool -p -n client.cephfs /etc/ceph/client.cephfs.keyring > /etc/ceph/client.cephfs
[root@ceph-node1 ceph]# cat /etc/ceph/client.cephfs
AQD3SE9j+FyHFhAALUqxChsZAbLNMx3iplZ3kw==
```

（8）访问 CephFS，在 client 节点创建挂载点

```
[root@client ~]# mkdir /media/cephfs
```

（9）文件系统挂载

```
[root@client ~]# mount -t ceph 192.168.10.20:6789://media/cephfs -o name=cephfs,secret=AQD3SE9j+FyHFhAALUqxChsZAbLNMx3iplZ3kw==
```

（10）查看挂载并解除挂载

```
[root@client ~]# mount | grep /media/cephfs
192.168.10.20:6789:/ on /media/cephfs type ceph (rw,relatime,name=cephfs,secret=<hidden>,acl,wsize=16777216)
[root@client ~]# umount /media/cephfs
```

（11）通过文件挂载

为了更安全地挂载 CephFS，防止在命令行历史中泄露密码，应该把密码存储在一

个单独的文本文件中，然后把这个文件作为挂载命令的参数值。为了实现该功能，需要在 client 节点安装 Ceph，应先编辑 ceph-node1 节点的 hosts。

```
[root@ ceph-node1 ceph]# vi /etc/hosts
127. 0. 0. 1    localhost localhost. localdomain localhost4 localhost4. localdomain4
: : 1           localhost localhost. localdomain localhost6 localhost6. localdomain6
192. 168. 10. 20    node1
192. 168. 10. 30    node2
192. 168. 10. 40    node3
192. 168. 10. 100   client
```

（12）复制公钥

```
[root@ ceph-node1 ceph]# ssh-copy-id root@ client
```

（13）配置 Yum 文件

```
[root @ ceph - node1  ceph ] # scp /etc/yum. repos. d/local. repo client:/etc/yum.
repos. d/
```

（14）安装 Ceph

```
[root@ client ~]# yum install ceph ceph-deploy -y
```

（15）生成密钥

在 client 节点生成密钥文件。

```
[root@ client ~]# echo AQD3SE9j+FyHFhAALUqxChsZAbLNMx3iplZ3kw= = > /etc/
ceph/cephfskey
```

（16）使用 secretfile 参数挂载

```
[root@ client ~]# mount -t ceph 192. 168. 10. 20:6789:/ /media/cephfs -o name=
cephfs,secretfile=/etc/ceph/cephfskey
[root@ client ~]# mount | grep /media/cephfs
192. 168. 10. 20: 6789:/ on /media/cephfs type ceph (rw,relatime,name = cephfs,
secret=<hidden>,acl,wsize=16777216)
```

（17）实现开机自动挂载

将参数按要求写入系统文件，从而实现开机时自动挂载 CephFS。

```
[root@ client ~]# vi /etc/fstab
192. 168. 10. 20:6789://media/cephfs ceph name=cephfs,secretfile=/etc/ceph/cephfs-
key, _netdev,noatime 0 2
[root@ client ~]# mount | grep /media/cephfs
192. 168. 10. 20: 6789:/ on /media/cephfs type ceph (rw,relatime,name = cephfs,
secret=<hidden>,acl,wsize=16777216)
```

项目实训

实训文档　任务4.2

【实训题目】

本实训在CentOS 7.9上使用Ceph的分布式云存储平台。

【实训目的】

掌握Ceph分布式存储集群的运维方法。

【实训内容】

1. 登录创建好的Ceph分布式存储集群。
2. 使用Ceph的服务器端和客户端完成块存储的配置、使用和验证。
3. 使用Ceph的服务器端和客户端完成文件存储的配置、使用和验证。
4. 使用Ceph的服务器端和客户端完成对象存储的配置、使用和验证。

单元小结

通过在本单元对Ceph的分布式存储平台的学习，读者可了解Ceph文件系统的基本组成和使用，熟悉Ceph分布式存储集群的架构，并掌握Ceph分布式存储集群的部署原理、部署方法及基本运维。Ceph分布式存储集群已在大型数据中心被广泛使用，技术实现简单易懂，优势越来越明显，在云存储的技术发展中发挥越来越重要的作用。

单元 5

超融合基础计算架构应用

学习目标

【知识目标】

- 了解 Ceph 客户端的基本部署方法。
- 了解 OpenStack 和 Ceph 对接的方法。
- 了解 Kubernetes 和 Ceph 对接的方法。

【技能目标】

- 掌握 Ceph 客户端的基本部署方法。
- 掌握 Ceph 与 OpenStack 服务的对接配置方法。
- 掌握 Ceph 与 Kubernetes 计算负载的对接配置方法。

【素养目标】

- 培养对云存储提供附加安全保护和提高访问安全性的能力。
- 培养和提高云存储数据快速检索能力，提高效益，增强服务意识和创新意识。
- 培养勇于探索，锐意进取，主动识变应变求变能力，提高真正解决问题的新思路、新办法。

学习情境

某公司研发部工程师小缪在对比了网络文件系统和 Ceph 文件系统后，认为 Ceph 集群更适合公司的使用，所以决定使用 Ceph 集群替换现有的 OpenStack 的后端存储，使公司私有云的存储得到统一，使用 Ceph 集群为现有的 Kubernetes 负载提供持久存储。

（1）项目设计

使用已经搭建完成的 Ceph 集群，对接公司私有云的各个服务。

（2）服务器功能实现

- 使用 Ceph 集群替换 OpenStack 的 Glance。

- 使用 Ceph 集群替换 OpenStack 的 Nova。
- 使用 Ceph 集群替换 OpenStack 的 Cinder。
- 使用 Ceph 集群替换 OpenStack 的 Swift。
- 使用 Ceph 集群作为 Kubernetes 的负载的持久存储。

任务 5.1　配置 OpenStack 使用 Ceph 存储

配置 OpenStack 使用 Ceph 存储

PPT

任务描述

1. 配置 OpenStack 的 Ceph 客户端。
2. 配置 OpenStack Glance 服务对接 Ceph。
3. 配置 OpenStack Nova 服务对接 Ceph。

微课　配置 OpenStack 使用 Ceph 存储

知识学习

1. 使用 Ceph 块设备

Ceph 块设备原名为 RADOS 块设备，提供可靠的分布式和高性能块存储磁盘给客户端。RADOS 块设备使用 librbd 库，把一个块数据以顺序条带化的形式存放在 Ceph 集群的多个 OSD 上。RBD 是建立在 Ceph 的 RADOS 层之上的，因此，每一个块设备都会分布在多个 Ceph 节点上，以提供高性能和高可靠性。RBD 原生支持 Linux 内核，即 RBD 驱动已经集成在 Linux 内核中。除了可靠性和性能，RBD 还提供了企业特性，如完整和增量快照、自动精简配置、写时复制克隆、动态调整大小等。RBD 还支持内存内缓存，从而大大提升了性能，如图 5-1 所示。

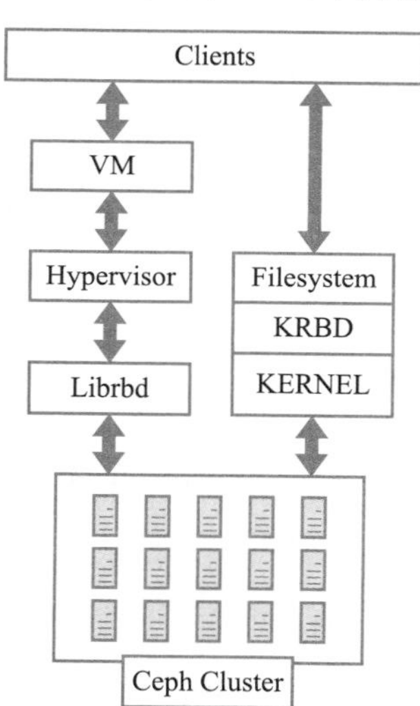

图 5-1　Ceph 集群

2. OpenStack 存储

OpenStack 项目中 Glance、Nova、Cinder、Swift 等服务是项目中存储的服务，不同的服务种类也决定着提供服务的方式不同，在 OpenStack 的设计中，Glance 被用于镜像资源的存储，称为镜像服务；Nova 被用于虚拟机实例操作和实例资源的存储，称为计算服务；Cinder 提供虚拟机的块存储服务；Swift 提供对象存储服务。在下面的任务实施中重点讲解 Ceph 与 Glance、Nova 两者之间的结合并作为 OpenStack 服务后端统一存储的配置说明。

任务实施

1. 配置 OpenStack 作为 Ceph 客户端

（1）客户端无密钥登录

本任务将在 ceph-node1 上通过手动方式在 controller 节点（OpenStack 节点，这里部署的是 All-In-One 方式，关于如何搭建 OpenStack，本单元不再赘述）上安装 Ceph 二进制程序，此时需要将 SSH 设置为无密钥登录 controller 节点。Root 用户密码为 000000。

在 ceph-node1 节点配置 hosts。

```
[root@ ceph-node1 ~]# cat /etc/hosts
127.0.0.1    localhost localhost.localdomain localhost4 localhost4.localdomain4
::1          localhost localhost.localdomain localhost6 localhost6.localdomain6
192.168.10.10   controller
192.168.10.11   ceph-node1
192.168.10.12   ceph-node2
192.168.10.13   ceph-node3
配置公钥。
[root@ ceph-node1 ~]# ssh-copy-id -i /root/.ssh/id_rsa.pub controller
```

（2）安装 Ceph

在 controller 节点上安装 Ceph（可使用本书提供的 ceph-nautilus-rpms 源）。

```
[root@ controller ~]# cat /etc/yum.repos.d/local.repo
[ceph]
name=ceph
baseurl=file:///opt/ceph-nautilus-rpms
enabled=1
gpgcheck=0
# yum install ceph ceph-deploy -y
```

（3）同步 Ceph 配置文件

将 Ceph 配置文件从 ceph-node1 推送到 controller，该配置文件会帮助客户端访问 Ceph Monitor 和 OSD 设备。

```
[root@ ceph-node1 ~]# scp -r /etc/ceph/ controller:/etc/
```

（4）配置存储池

为 Cinder、Glance、Nova 创建专业的 Ceph 存储池。

```
[root@ ceph-node1 ~]# ceph osd pool create images 64
pool 'images' created
[root@ ceph-node1 ~]# ceph osd pool create volumes 64
pool 'volumes' created
[root@ ceph-node1 ~]# ceph osd pool create vms 64
pool 'vms' created

[root@ ceph-node1 ~]# rbd pool init images
[root@ ceph-node1 ~]# rbd pool init volumes
[root@ ceph-node1 ~]# rbd pool init vms
```

（5）创建用户

在 ceph-node1 节点通过 Ceph 命令为 Glance、Cinder 创建用户。

```
[root@ceph-node1 ~]# ceph auth get-or-create client.glance mon 'profile rbd' osd 'profile rbd pool=images'
[client.glance]
    key = AQCsaU5jxsNGLRAAoEmOCT4L+y4g2zQLgHXA7A==
[root@ceph-node1 ~]# ceph auth get-or-create client.cinder mon 'profile rbd' osd 'profile rbd pool=volumes, profile rbd pool=vms, profile rbd pool=images'[client.cinder]
    key = AQCyaU5jmF4ZIBAAZM5/SmYw8kNatj1xIAvEgw==
```

（6）配置 keyring 文件

为新建用户 client.cinder 和 client.glance 创建 keyring 文件，允许以 openstack cinder、glance 用户访问 Ceph 集群。

```
[root@ceph-node1 ~]# ssh root@controller sudo chown glance:glance /etc/ceph/ceph.client.glance.keyring
[root@ceph-node1 ~]# ceph auth get-or-create client.cinder | ssh root@controller sudo tee /etc/ceph/ceph.client.cinder.keyring
[client.cinder]
    key = AQCyaU5jmF4ZIBAAZM5/SmYw8kNatj1xIAvEgw==
[root@ceph-node1 ~]# ceph auth get-or-create client.glance | ssh root@controller sudo tee /etc/ceph/ceph.client.glance.keyring
[client.glance]
    key = AQCsaU5jxsNGLRAAoEmOCT4L+y4g2zQLgHXA7A==
[root@ceph-node1 ~]# ssh root@controller sudo chown glance:glance /etc/ceph/ceph.client.glance.keyring
```

（7）生成 UUID

```
[root@ceph-node1 ~]# uuidgen
b57cb81b-40b7-40c0-8822-783b8dcd8aed
[root@ceph-node1 ~]# ceph auth get-key client.cinder | ssh root@controller tee /tmp/client.cinder.key
AQCyaU5jmF4ZIBAAZM5/SmYw8kNatj1xIAvEgw==
```

（8）配置 Libvirt 对接密钥

```
[root@controller ~]# vi /tmp/secret.xml
<secret ephemeral='no' private='no'>
  <uuid>b57cb81b-40b7-40c0-8822-783b8dcd8aed</uuid>
  <usage type='ceph'>
```

```
    <name>client.cinder secret</name>
    </usage>
  </secret>
  [root@controller ~]# virsh secret-define --file /tmp/secret.xml
  Secret b57cb81b-40b7-40c0-8822-783b8dcd8aed created
  [root@controller ~]# virsh secret-set-value --secret b57cb81b-40b7-40c0-8822-783b8dcd8aed --base64 $(cat /tmp/client.cinder.key)
  Secret value set
```

（9）登录 Ceph 集群

现在可以在 controller 节点上使用用户 client. rbd 来访问 Ceph 集群了。登录到 controller 节点并执行以下命令。

```
[root@controller ceph]# ceph -s --name client.rbd --keyring /etc/ceph/ceph.client.rbd.keyring
  cluster:
    id: 0b9a9bca-f7a5-41a0-b155-31bbb6d1f028
    health: HEALTH_OK

  services:
    mon: 1 daemons, quorum ceph-node1 (age 8m)
    mgr: ceph-node1(active, since 15m)
    osd: 3 osds: 3 up (since 15m), 3 in (since 15m)

  data:
    pools: 1 pools, 32 pgs
    objects: 0 objects, 0 B
    usage: 3.0 GiB used, 57 GiB / 60 GiB avail
    pgs: 32 active+clean
```

（10）创建 Ceph 客户端设备

至此已经完成了 Ceph 客户端的配置，在 controller 节点上创建 Ceph 块设备的方法如下。

1）创建块设备。创建一个名称为 rbd 1，大小为 10240 MB（10 GB）的 RADOS 块设备。

```
[root@controller ~]# rbd create rbd1 --size 10240 --name client.rbd# rbd list --name client.rbd
rbd1
```

2）列举块设备。有多种选项帮助开发者列出 RBD 镜像，保存块设备镜像的默认存储池为 RBD，开发者也可以通过 RBD 的-p 命令指定一个存储池。

```
[root@ controller ~]# rbd ls --name client. rbd
rbd1
[root@ controller ~]# rbd ls -p rbd --name client. rbd
rbd1
[root@ controller ~]# rbd list --name client. rbd
rbd1
```

3）检查块设备。可以通过以下的命令检查 RBD 镜像的大小和其他信息。

```
[root@ controller ~]# rbd --image rbd1 info --name client. rbd
rbd image 'rbd1':
        size 10 GiB in 2560 objects
        order 22 (4 MiB objects)
        snapshot_count: 0
        id: 371c8881e6bd
        block_name_prefix: rbd_data. 371c8881e6bd
        format: 2
        features: layering, exclusive-lock, object-map, fast-diff, deep-flatten
        op_features:
        flags:
        create_timestamp: Tue Oct 18 15:12:05 2022
        access_timestamp: Tue Oct 18 15:12:05 2022
        modify_timestamp: Tue Oct 18 15:12:05 2022
```

至此，关于配置 OpenStack 作为 Ceph 客户端部分已经基本配置完成，接下来开始对每个服务配置使用 Ceph 存储。

（11）调整 Ceph RBD 大小

Ceph 支持精简配置的块设备，在用户开始在块设备上存储数据前，物理存储空间都不会被占用。Ceph 块设备非常灵活，开发者可以在 Ceph 存储端增加或减少 RBD 的大小。然而，底层的文件系统必须支持大小的调整。高级文件系统，如 XFS、Btrfs、Ext 4 和 ZFS 和其他文件系统都在一定程度上支持大小调整。

要增加或减少 Ceph RBD 镜像大小，可通过使用 Rbd Resize 的--size<New_Size_in_MB>命令设置 RBD 镜像新的大小。之前创建的 RBD 镜像的大小为 10 GB，现在把它增加到 20 GB。

```
[root@ controller ~]# rbd resize --image rbd1 --size 20480 --name client. rbd
Resizing image: 100% complete... done.
[root@ controller ~]# rbd info --image rbd1 --name client. rbd
rbd image 'rbd1':
```

```
size 20 GiB in 5120 objects
order 22 (4 MiB objects)
snapshot_count: 0
id: 371c8881e6bd
block_name_prefix: rbd_data.371c8881e6bd
format: 2
features: layering, exclusive-lock, object-map, fast-diff, deep-flatten
op_features:
flags:
create_timestamp: Tue Oct 18 15:12:05 2022
access_timestamp: Tue Oct 18 15:12:05 2022
modify_timestamp: Tue Oct 18 15:12:05 2022
```

2. 配置 Glance 服务

现在已经完成了 Ceph 所需的配置，接下来通过配置 OpenStack Glance，将 Ceph 用作后端存储，配置 OpenStack Glance 模块来将其虚拟机镜像存储在 Ceph RDB 中。

（1）修改 Glance 配置文件

登录到 controller 节点，然后编辑/etc/glance/glance-api.conf 文件的[DEFAULT]中的配置文件并做如下修改。

```
# cat /etc/glance/glance-api.conf  |grep -v ^# |grep -v ^$
[DEFAULT]
show_image_direct_url = True

default_store = rbd
filesystem_store_datadir=/var/lib/glance/images/
rbd_store_ceph_conf=/etc/ceph/ceph.conf
rbd_store_user=rbd
rbd_store_pool=rbd
rbd_store_chunk_size=8
```

（2）重新启动服务

重新启动 OpenStack Glance 服务。

```
# systemctl restart openstack-glance-*
```

（3）检查结果

1）转换镜像。如果要在 Ceph 中启动虚拟机，Glance 镜像的格式必须为 RAW。这里可以利用 cirros-0.3.4-x86_64-disk.img 镜像，将镜像类型从 QCOW2 转换成 RAW 格式，也可以使用任何 RAW 格式的其他镜像。

```
[root@controller ceph]# qemu-img convert -p -f qcow2 -O raw /opt/iaas/images/cirros-0.3.4-x86_64-disk.img cirros.raw
    (100.00/100%)
```

2）上传镜像。将修改的镜像上传到系统。

```
[root@controller ~]# openstack image create --disk-format raw --container-format bare --public --file cirros.raw cirros-0.3.4
+--------------------------+------------------------------------+
| Field                    | Value                              |
+--------------------------+------------------------------------+
| checksum                 | 56730d3091a764d5f8b38feeef0bfcef   |
| container_format         | bare                               |
| created_at               | 2022-10-18T09:47:58Z               |
| disk_format              | raw                                |
| file                     |
/v2/images/d3b94f7b-8a0c-43f4-8607-9423bc841258/file               |
| id                       | d3b94f7b-8a0c-43f4-8607-9423bc841258 |
| min_disk                 | 0                                  |
| min_ram                  | 0                                  |
| name                     | cirros-0.3.4                       |
| owner                    | 0e2422c647a449dfb2cb5198c2a7d494   |
| properties               |
direct_url='rbd://1f6006db-02f2-477a-a1d9-58199d706abe/images/d3b94f7b-8a0c-43f4-8607-9423bc841258/snap', os_hash_algo='sha512',
os_hash_value='34f5709bc2363eafe857ba1344122594a90a9b8cc9d80047c35f7e34e8ac28ef1e14e2e3c13d55a43b841f533435e914b01594f2c14dd597ff9949c8389e3006',
os_hidden='False'                                              |
| protected                | False                              |
| schema                   | /v2/schemas/image                  |
| size                     | 41126400                           |
| status                   | active                             |
| tags                     |                                    |
| updated_at               | 2022-10-18T09:48:00Z               |
| virtual_size             | None                               |
| visibility               | public                             |
+--------------------------+------------------------------------+
```

3）在Ceph的镜像池中查询镜像。

开发者可以通过在Ceph的镜像池中查询镜像ID来验证新添加的镜像。

```
[root@ceph-node1 ~]# rbd ls images
d3b94f7b-8a0c-43f4-8607-9423bc841258
[root@ceph-node1 ~]# rbd info images/d3b94f7b-8a0c-43f4-8607-9423bc841258
rbd image 'd3b94f7b-8a0c-43f4-8607-9423bc841258':
        size 39 MiB in 5 objects
        order 23 (8 MiB objects)
        snapshot_count: 1
        id: 37ae559493a0
        block_name_prefix: rbd_data.37ae559493a0
        format: 2
        features: layering, exclusive-lock, object-map, fast-diff, deep-flatten
        op_features:
        flags:
        create_timestamp: Tue Oct 18 17:47:58 2022
        access_timestamp: Tue Oct 18 17:47:58 2022
        modify_timestamp: Tue Oct 18 17:47:58 2022
[root@ceph-node1 ~]# rados ls -p images
rbd_header.37ae559493a0
rbd_data.37ae559493a0.0000000000000000
rbd_id.d3b94f7b-8a0c-43f4-8607-9423bc841258
rbd_directory
rbd_info
rbd_data.37ae559493a0.0000000000000004
rbd_data.37ae559493a0.0000000000000002
rbd_object_map.37ae559493a0
rbd_data.37ae559493a0.0000000000000003
rbd_object_map.37ae559493a0.0000000000000004
rbd_data.37ae559493a0.0000000000000001
```

现在已经将 Glance 的默认存储后端配置修改为 Ceph，所有的 Glance 镜像都将存储在 Ceph 中。

3. 配置 Cinder 服务

（1）配置 Cinder 文件

在 controller 节点编辑 Cinder 的配置文件。

```
[root@controller ~]# vi /etc/cinder/cinder.conf
[DEFAULT]
enabled_backends = lvm,ceph
```

```
glance_api_servers = http://controller:9292
glance_api_version= 2
[lvm]
volume_driver = cinder.volume.drivers.lvm.LVMVolumeDriver
lvmvolume_backend_name = lvm
volume_group = cinder-volumes
iscsi_protocol = iscsi
iscsi_helper = lioadm
[ceph]
volume_driver = cinder.volume.drivers.rbd.RBDDriver
volume_backend_name = ceph
rbd_pool = volumes
rbd_ceph_conf = /etc/ceph/ceph.conf
rbd_flatten_volume_from_snapshot = false
rbd_max_clone_depth = 5
rbd_store_chunk_size = 4
rados_connect_timeout = -1
rbd_user = cinder
rbd_secret_uuid = b57cb81b-40b7-40c0-8822-783b8dcd8aed
```

（2）创建卷

在 controller 节点创建一个 RBD 类型的卷。

```
[root@controller ~]# openstack volume type create --public --property volume_backend_name="ceph" ceph_rbd
+-------------------------+------------------------------------+
| Field                   | Value                              |
+-------------------------+------------------------------------+
| description             | None                               |
| id                      | 39e38e0b-1a56-4da9-bc88-ada658aea84f |
| is_public               | True                               |
| name                    | ceph_rbd                           |
| properties              | volume_backend_name='ceph'         |
+-------------------------+------------------------------------+

[root@controller ~]# openstack volume type create --public --property volume_backend_name="lvm" local_lvm
+-------------------------+------------------------------------+
| Field                   | Value                              |
+-------------------------+------------------------------------+
```

```
| description           | None                                 |
| id                    | 1a46690c-b307-4aee-8237-397b03871e52 |
| is_public             | True                                 |
| name                  | local_lvm                            |
| properties            | volume_backend_name='lvm'            |
+-----------------------+--------------------------------------+

[root@controller ~]# openstack volume create --type ceph_rbd --size 1 ceph_rbd_vol01
+-----------------------+--------------------------------------+
| Field                 | Value                                |
+-----------------------+--------------------------------------+
| attachments           | []                                   |
| availability_zone     | nova                                 |
| bootable              | false                                |
| consistencygroup_id   | None                                 |
| created_at            | 2022-10-18T10:27:58.000000           |
| description           | None                                 |
| encrypted             | False                                |
| id                    | ff0e3b23-0093-49b1-96b5-a03cfcfe505d |
| migration_status      | None                                 |
| multiattach           | False                                |
| name                  | ceph_rbd_vol01                       |
| properties            |                                      |
| replication_status    | None                                 |
| size                  | 1                                    |
| snapshot_id           | None                                 |
| source_volid          | None                                 |
| status                | creating                             |
| type                  | ceph_rbd                             |
| updated_at            | None                                 |
| user_id               | 111e105551954df1a49543a40ac58570     |
+-----------------------+--------------------------------------+
```

（3）查看 RBD 镜像

```
[root@controller ~]# rbd ls volumes
volume-ff0e3b23-0093-49b1-96b5-a03cfcfe505d
[root@controller ~]# rbd info volumes/volume-ff0e3b23-0093-49b1-96b5-a03cfcfe505d
```

```
rbd image 'volume-ff0e3b23-0093-49b1-96b5-a03cfcfe505d':
        size 1 GiB in 256 objects
        order 22 (4 MiB objects)
        snapshot_count: 0
        id: 37fcb52aa62c
        block_name_prefix: rbd_data.37fcb52aa62c
        format: 2
        features: layering, exclusive-lock, object-map, fast-diff, deep-flatten
        op_features:
        flags:
        create_timestamp: Tue Oct 18 18:27:58 2022
        access_timestamp: Tue Oct 18 18:27:58 2022
        modify_timestamp: Tue Oct 18 18:27:58 2022
[root@controller ~]# rados ls -p volumes
rbd_header.37fcb52aa62c
rbd_object_map.37fcb52aa62c
rbd_id.volume-ff0e3b23-0093-49b1-96b5-a03cfcfe505d
rbd_directory
rbd_info
```

4. 配置 Nova 服务

为了将所有 OpenStack 实例放进 Ceph，需要为 Nova 配置一个临时性的后端。要做到这一点，须在 OpenStack 的计算节点（因为是 ALL-IN-ONE，所以计算和控制都在同一节点上，继续在 controller 节点上进行实验）上修改/etc/nova/nova.conf 配置文件。

（1）修改服务配置文件

修改 nova.conf 配置文件中［libvirt］部分并添加以下代码。

```
[root@controller ~]# vi /etc/nova/nova.conf
[libvirt]
virt_type = qemu
images_type = rbd
images_rbd_pool = vms
images_rbd_ceph_conf = /etc/ceph/ceph.conf
rbd_user = cinder
rbd_secret_uuid = b57cb81b-40b7-40c0-8822-783b8dcd8aed
```

```
disk_cachemodes = "network=writeback"
inject_password = false
inject_key = false
inject_partition = -2
live_migration_flag = "VIR_MIGRATE_UNDEFINE_SOURCE, VIR_MIGRATE_PEER2PEER, VIR_MIGRATE_LIVE, VIR_MIGRATE_PERSIST_DEST"
```

（2）重启服务

重新启动 OpenStack Nova 服务。

```
[root@controller ~]# systemctl restart openstack-nova-compute.service
```

（3）创建云主机

配置 Nova 使用 Ceph 后，创建一台实例并查看状态信息，net-id 可以通过使用 neutron net-list 命令来进行查询。

```
[root@controller ~]# openstack server create --network intnet --flavor m1.small --image cirros-0.3.4 ceph-vm1
+-------------------------------------+------------------------+
| Field                               | Value                  |
+-------------------------------------+------------------------+
| OS-DCF:diskConfig                   | MANUAL                 |
| OS-EXT-AZ:availability_zone         |                        |
| OS-EXT-SRV-ATTR:host                | None                   |
| OS-EXT-SRV-ATTR:hypervisor_hostname | None                   |
| OS-EXT-SRV-ATTR:instance_name       |                        |
| OS-EXT-STS:power_state              | NOSTATE                |
| OS-EXT-STS:task_state               | scheduling             |
| OS-EXT-STS:vm_state                 | building               |
| OS-SRV-USG:launched_at              | None                   |
| OS-SRV-USG:terminated_at            | None                   |
| accessIPv4                          |                        |
| accessIPv6                          |                        |
| addresses                           |                        |
| adminPass                           | 8B6ePJejXzDe           |
| config_drive                        |                        |
| created                             | 2022-10-18T10:48:19Z   |
| flavor                              | m1.small (2)           |
| hostId                              |                        |
```

```
| id               | 398b7141-cdbf-48f9-913a-7e9a1df67de3                     |
| image            | cirros-0.3.4 (d3b94f7b-8a0c-43f4-8607-9423bc841258)      |
| key_name         | None                                                     |
| name             | ceph-vm1                                                 |
| progress         | 0                                                        |
| project_id       | 0e2422c647a449dfb2cb5198c2a7d494                         |
| properties       |                                                          |
| security_groups  | name='default'                                           |
| status           | BUILD                                                    |
| updated          | 2022-10-18T10:48:19Z                                     |
| user_id          | 111e105551954df1a49543a40ac58570                         |
| volumes_attached |                                                          |
+------------------+----------------------------------------------------------+

[root@controller ~]# openstack server list
+--------------------------------------+----------+--------+------------------------+--------------+----------+
| ID                                   | Name     | Status | Networks               | Image        | Flavor   |
+--------------------------------------+----------+--------+------------------------+--------------+----------+
| 398b7141-cdbf-48f9-913a-7e9a1df67de3 | ceph-vm1 | ACTIVE | intnet=10.10.0.101     | cirros-0.3.4 | m1.small |
+--------------------------------------+----------+--------+------------------------+--------------+----------+
```

（4）检查RBD镜像

在ceph-node1节点查看RBD镜像。

```
[root@ceph-node1 ~]# rbd ls vms
398b7141-cdbf-48f9-913a-7e9a1df67de3_disk
[root@controller ~]# rbd info vms/398b7141-cdbf-48f9-913a-7e9a1df67de3_disk
rbd image '398b7141-cdbf-48f9-913a-7e9a1df67de3_disk':
    size 20 GiB in 2560 objects
    order 23 (8 MiB objects)
    snapshot_count: 0
    id: 38f2abb7c35c
```

```
    block_name_prefix: rbd_data.38f2abb7c35c
    format: 2
    features: layering, exclusive-lock, object-map, fast-diff, deep-flatten
    op_features:
    flags:
    create_timestamp: Tue Oct 18 18:48:22 2022
    access_timestamp: Tue Oct 18 18:48:22 2022
    modify_timestamp: Tue Oct 18 18:49:44 2022
    parent: images/d3b94f7b-8a0c-43f4-8607-9423bc841258@snap
    overlap: 39 MiB
[root@ceph-node1 ~]# rados ls -p vms
rbd_object_map.38f2abb7c35c
rbd_directory
rbd_header.38f2abb7c35c
rbd_children
rbd_data.38f2abb7c35c.0000000000000001
rbd_info
rbd_data.38f2abb7c35c.0000000000000000
rbd_data.38f2abb7c35c.0000000000000002
rbd_id.398b7141-cdbf-48f9-913a-7e9a1df67de3_disk
rbd_data.38f2abb7c35c.0000000000000003
```

至此，在 Nova 中启用 Ceph 作为实例的存储后端已经测试完成，可以使用 Ceph 完成虚拟机的磁盘存储和操作系统的镜像存储。

项目实训

【实训题目】

本实训配置 OpenStack 的 Nova 服务，使用 Ceph 作为统一存储。

【实训目的】

1. 掌握 Ceph 客户端的安装方法。
2. 掌握 OpenStack 的 Cinder 服务和 Nova 服务使用 Ceph 的方法。

【实训内容】

1. 配置 OpenStack Ceph 客户端。
2. 配置 OpenStack 的 Cinder 服务和 Nova 服务并重启服务。
3. 配置 Libvirt。
4. 创建一台虚拟机，并验证。

任务5.2 配置Kubernetes使用Ceph存储

配置Kubernetes使用Ceph存储

PPT

任务描述

通过Kubernetes的PV和PVC定义使用Ceph作为后端存储，实现数据的持久化存储。

微课 配置Kubernetes使用Ceph存储

知识学习

1. Kubernetes与Ceph集成的方式

Ceph使用统一的系统提供了对象、块和文件存储功能，其可靠性高、管理简便，并且是自由软件，可改变公司的IT基础架构和管理海量数据。Ceph可提供极大的伸缩性：可供众多用户访问PB乃至EB级的数据。Ceph节点以普通硬件和智能守护进程作为支撑点，Ceph存储集群组织起了大量节点，它们之间靠相互通信来复制数据，并动态地重分布数据。Ceph RBD作为Ceph的块设备，提供对Kubernetes的后端持久性存储。

Kubernetes和Ceph集成提供了如下三种实现方式：

- Volumes存储卷。
- PV（持久化卷）和PVC（持久化卷声明）。
- StorageClass动态存储，动态创建PV和PVC。

目前Ceph支持Kubernetes存储有两种类型：CephFS和Ceph RBD，通常使用Ceph RBD。

2. Kubernetes与Ceph集成的流程

（1）对于常规的负载部署，需要做如下改动

1）全部统一命名空间到ceph-csi。

2）将镜像转存到Docker Hub。

3）增加secret.yaml和storageclass.yaml文件。

4）将csi-rbdplugin-provisioner.yaml和csi-rbdplugin.yaml中关于kms的配置注释掉。

（2）在使用过程中，需要根据具体的集群环境进行修改

1）csi-config-map.yaml修改连接Ceph集群信息。

2）secret.yaml修改秘钥。

3）storageclass.yaml修改集群ID和存储池。

任务实施

1. 基础环境配置

在单元3中已经讲解过Kubernetes的安装与配置，在此不再赘述，Ceph使用之前

创建的集群。

2. Ceph 对接 Kubernetes 存储

(1) 配置 hosts 文件

```
[root@ node1 ~]# vi /etc/hosts
127.0.0.1    localhost localhost.localdomain localhost4 localhost4.localdomain4
::1          localhost localhost.localdomain localhost6 localhost6.localdomain6
192.168.10.20   node1
192.168.10.30   node2
192.168.10.40   node3
192.168.10.10   master

[root@ master ~]# vi /etc/hosts
127.0.0.1    localhost localhost.localdomain localhost4 localhost4.localdomain4
::1          localhost localhost.localdomain localhost6 localhost6.localdomain6
192.168.10.10   master
192.168.10.20   node1
```

(2) 配置 SSH 免密登录

在 node1 节点将 SSH 公钥上传给 master 节点，配置 SSH 免密登录。

```
[root@ node1 ~]# ssh-copy-id root@ master
```

(3) 配置 Yum 源文件

在 master 节点上添加 Ceph 软件源配置文件。

```
[root@ node1 ~]# scp /etc/yum.repos.d/local.repo master:/etc/yum.repos.d/
```

(4) 安装 Ceph 软件包

```
[root@ master ~]# yum install ceph ceph-deploy -y
```

(5) 配置 master 节点的文件

在 node1 节点上将 Ceph 配置文件复制到 master 节点。

```
[root@ node1 ~]# scp -r /etc/ceph/ master:/etc/
```

(6) 创建储存池

在 node1 节点上创建对接 Kubernetes 存储的储存池。

```
[root@ node1 ~]# ceph osd pool create k8stest 128
pool 'k8srbd' created
[root@ node1 ~]# rbd create rbda -s 1024 -p k8stest
[root@ node1 ~]# rbd feature disable k8srbd/rbda object-map fast-diff
deep-flatten #需要禁用否则挂载不成功
```

（7）获取访问 Ceph 的 token 值

```
[root@ node1 ~]# ceph auth get-key client. admin | base64
QVFBWWhsQmpNNlRxS2hBQVRXVzhZTCtqNWZMYWJaSUp0bDRhR2c9PQ==
```

需要保存该 token 值，后面的操作中将用到这个值。

（8）创建 Kubernetes 用于访问 Ceph 的 secret

```
[root@ master ~]# mkdir -p  /root/ceph/
[root@ master ~]# vi /root/ceph/ceph-secret. yaml
[root@ master ~]# cat /root/ceph/ceph-secret. yaml
apiVersion: v1
kind: Secret
metadata:
  name: ceph-secret
data:
  key: QVFBWWhsQmpNNlRxS2hBQVRXVzhZTCtqNWZMYWJaSUp0bDRhR2c9PQ==
```

执行 ceph-secret. yaml 文件。

```
[root@ master ~]# kubectl apply -f /root/ceph/ceph-secret. yaml
secret/ceph-secret created
```

查看创建的 Ceph 密钥。

```
[root@ master ~]# kubectl get Secret
NAME                 TYPE                                  DATA   AGE
ceph-secret          Opaque                                1      17s
default-token-5lw69  kubernetes. io/service-account-token  3      30m
```

（9）创建 PV 卷

```
[root@ master ~]# cat /root/ceph/ceph-pv. yaml
apiVersion: v1
kind: PersistentVolume
metadata:
    name: ceph-pv                    #定义 PV 的名称
spec:
    capacity:
        storage: 1Gi                 #定义 PV 的资源
    accessModes:
        - ReadWriteOnce              # 定义 PV 的访问模式为单节点读写
    persistentVolumeReclaimPolicy: Recycle   # 定义存储卷回收策略
    rbd:                             # 使用 RBD 来定义 PV
```

```
    monitors:
      - 192.168.10.20:6789     # RBD 监控节点,如果有多个,就写多个
    pool: k8stest              # Pool 的名称
    image: rbda                # RBD 的名称
    user: admin                #用户是 admin,因为复制的是 node1 配置信息
    secretRef:
      name: ceph-secret  #要使用的 secret,相当于使用哪个 token 去访问 RBD
    fsType: xfs                #RBD 要格式化为 XFS 文件系统
    readOnly: false            #非只读
```

执行 ceph-pv.yaml 文件。

```
[root@master ~]# kubectl apply -f /root/ceph/ceph-pv.yaml
persistentvolume/ceph-pv created
```

查看 PV 卷。

```
[root@master ~]# kubectl get pv
NAME    CAPACITY   ACCESS MODES   RECLAIM POLICY   STATUS
CLAIM   STORAGECLASS   REASON   AGE
ceph-pv 1Gi        RWO            Recycle          Available
                                   8s
```

（10）创建 PVC

```
[root@master ~]# vi /root/ceph/ceph-pvc.yaml
apiVersion: v1
kind: PersistentVolumeClaim
metadata:
    name: ceph-pvc                #定义 PVC 的名称
spec:
    accessModes:
        - ReadWriteOnce           #定义 PVC 的访问模式为单节点读写
    resources:
        requests:
            storage: 1Gi          #定义要使用的资源
```

执行 ceph-pvc.yaml 文件。

```
[root@master ~]# kubectl apply -f /root/ceph/ceph-pvc.yaml
persistentvolumeclaim/ceph-pvc created
```

查看 PVC。

```
[root@ master ~]# kubectl get pvc
NAME      STATUS   VOLUME CAPACITY   ACCESS MODES
STORAGECLASS   AGE
ceph-pvc  Bound    ceph-pv     1Gi       RWO
                   7s
```

（11）挂载使用

启动一个 Nginx 的容器来测试。

```
[root@ master ~]# vi /root/ceph/nginx-pod.yaml
apiVersion: apps/v1
kind: Deployment
metadata:
  name: nginx-deployment
spec:
  replicas: 1
  selector:
    matchLabels:
      app: nginx
  template:
    metadata:
      labels:
        app: nginx
    spec:
      containers:
      - name: nginx
        image: nginx:1.7.9
        ports:
        - containerPort: 80
        volumeMounts:
          - mountPath: "/ceph-data"
            name: ceph-data
      volumes:
      - name: ceph-data
        persistentVolumeClaim:
            claimName: ceph-pvc
```

执行 nginx-pod.yaml 文件。

```
[root@ master ~]# kubectl apply -f /root/ceph/nginx-pod.yaml
```

查看当前 Pod。

```
[root@ master ~]# kubectl get pod
NAME                              READY STATUS   RESTARTS   AGE
nginx-deployment-597cdf5457-6lw4f  1/1   Running  0          31m
```

（12）查看挂载情况

在 node1 节点上查看挂载情况。

```
[root@ node1 ceph]# rbd ls k8stest
rbda
[root@ node1 ceph]# rbd info k8stest/rbda
rbd image 'rbda':
        size 1 GiB in 256 objects
        order 22 (4 MiB objects)
        snapshot_count: 0
        id: 378a121cc2e2
        block_name_prefix: rbd_data.378a121cc2e2
        format: 2
        features: layering, exclusive-lock
        op_features:
        flags:
        create_timestamp: Thu Oct 20 18:34:41 2022
        access_timestamp: Thu Oct 20 18:34:41 2022
        modify_timestamp: Thu Oct 20 18:34:41 2022
```

可以发现在 k8stest 存储池中已经创建了一个名为 rbda 的 RBD。

实训文档　任务5.2

项目实训

【实训题目】

本实训配置 Kubernetes 的 Pod 负载，使用 Ceph 作为统一存储。

【实训目的】

1. 复习和掌握 Ceph 客户端的安装方法。
2. 复习和掌握 Kubernetes 的基本使用方法。
3. 掌握 Kubernetes 使用 Ceph 作为持久化存储的方法。

【实训内容】

1. 配置 Kubernetes 的 Ceph 客户端。
2. 配置 Kubernetes 的 Ceph 相关认证。
3. 配置一个 Nginx 负载，使用 Ceph RBD 作为持久化存储。

单元小结

本单元介绍了 Ceph 客户端的基本安装和配置、OpenStack 服务使用 Ceph 存储、Kubernetes 使用 Ceph 作为持久化存储的方法。通过对服务的安装以及配置使用，提高了读者对 Ceph 存储的运用能力。通过本单元的学习，相信读者可以熟练地掌握 Ceph 的使用方法，对 Ceph 在不同场合的使用也有了自己清晰的认识。

参 考 文 献

[1] 何淼，史律，孙仁鹏．云计算基础架构平台构建与应用［M］．2 版．北京：高等教育出版社，2022.

[2] 米洪，陈永．Hadoop 大数据平台构建与应用［M］．2 版．北京：高等教育出版社，2023.

[3] 南京第五十五所技术开发有限公司．云计算平台运维与开发（初级）［M］．北京：高等教育出版社，2020.

[4] 人力资源社会保障部专业技术人员管理司．云计算工程技术人员国家职业技术技能标准［M］．北京：中国人事出版社，2022.

[5] 景显强，龚向宇，黄军宝．Ceph 企业级分布式存储：原理与工程实践［M］．北京：机械工业出版社，2021.

[6] 魏新宇，郭跃军．OpenShift 在企业中的实践：PaaS DevOps 微服务［M］．北京：机械工业出版社，2019.

[7] 山金孝，潘晓华，刘世民．OpenShift 云原生架构：原理与实践［M］．北京：机械工业出版社，2020.

读者意见反馈

为收集对教材的意见建议，进一步完善教材编写并做好服务工作，读者可将对本教材的意见建议通过如下渠道反馈至我社。

咨询电话　400-810-0598

反馈邮箱　gjdzfwb@pub.hep.cn

通信地址　北京市朝阳区惠新东街4号富盛大厦1座
高等教育出版社总编辑办公室

邮政编码　100029